미래의 전쟁

한림SA 09

SCIENTIFIC AMERICAN™

과학이 바꾸는 전쟁의 풍경

미래의 전쟁

사이언티픽 아메리칸 편집부 엮음
이동훈 옮김

The Changing Face of War

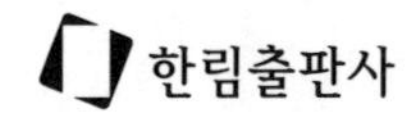

들어가며

전사의 길

기술은 전시(戰時)에 발전하는 경우가 많다. 원자폭탄이야말로 가장 좋은 사례일 것이다. 당시 최신의 핵물리학 지식이 나치에 대한 공포와 맞물리자, 물리학과 화학 분야 최고의 인재들이 힘을 모으고 당대의 가장 어려웠던 기술적 문제를 해결함으로써 원자폭탄을 만들어냈다. 이들의 성공으로 새 시대가 열렸다. 누군가의 무모한 행동으로 인류 문명이 사라질 수도 있게 되자 전쟁의 규칙은 바뀔 수밖에 없었다.

이 책에서는 전쟁과 국방을 위해 개발되거나 채택된 기술들을 다룬다. 그리고 이러한 기술들이 국가 및 비국가 정치단체(antagonist)들의 군사 및 안보 작전에 끼친 영향도 다룰 것이다. 그러나 기술만 알아가지고는 온전치 못하다. 핵병기 개발의 사례에서 드러나듯이, 신기술은 과거의 기술에 비해 훨씬 복잡하고 영향력이 큰 '낙진'을 살포하는 법이다.

1945년의 병사들에게 오늘날 군대의 장비들은 마치 공상과학소설에서 바로 튀어나온 물건들처럼 보일 것이다. 소설과 영화에 등장하던 광선총이 실용화되었다. 땅속 30미터까지 뚫고 들어가는 폭탄도 있고, 적을 공격하는 무인 항공기도 있다. 일본 만화에서나 나오던 전투용 로봇이 전쟁터를 걸어다닌다. 병사들의 이동 속도와 힘, 체력을 높여주는 외골격(外骨格, exoskeleton)도 있다.

무인기의 경우를 보자. 오늘날의 무인기는 조종사의 지시를 받아 움직인다. 그러나 곧 독립적으로 비행할 수 있는 무인기, 즉 비행 로봇이 나올 것이다. 만약 이런 로봇이 전쟁범죄에 연루된다면 그 책임은 누가 져야 하는가? 미국은 자국과 공식적으로는 전쟁 상태에 있지 않은 외국을 무인기로 폭격하고 있다. 이것이 국제사회에서 용납될 수 있는 행위인지, 아직 명확한 답은 나오지 않았다. 래리 그리너마이어(Larry Greenemeier)와 존 빌라세뇰(John Villasenor)은 1장 '하늘의 사신(死神), 무인기'에서, 무인기 기술은 물론 해당 기술이 몰고 온 국가 안보 및 사생활 문제를 다룬다.

3장 '사이버 전쟁'에서 살펴보겠지만, 컴퓨터 시스템과 인터넷 때문에 새로운 취약 지대와 분쟁 지대가 생겼다. 마이크로칩의 성능과 보급률이 높아지면서 공격에 그만큼 더 취약해졌다. 마이크로칩은 보안 장치가 적고 다른 컴퓨터와 네트워크로 연결되므로, 좋은 침입 경로가 될 수 있다. 예를 들어 컴퓨터 바이러스 '스턱스넷(Stuxnet)'은 이란의 우라늄 농축 프로그램에 큰 타격을 입혔다. 이란이 핵병기 개발을 하고 있었는지 아닌지는 별문제로 하더라도, 이 사건을 통해 사이버 전사들도 공군의 폭격만큼이나 확실하게 적국의 공장을 멈추게 할 수 있음이 입증되었다.

국가의 형태를 갖추지 못한 정치단체들도 생물학병기와 화학병기, 심지어 핵병기까지 갖고 테러를 저지를 수 있게 되었다. 때문에 시스템의 약점과 그 원인, 그리고 유사시 '부수적 피해'의 정확한 규모에 대해 다시 생각해볼 필요가 있다. 《사이언티픽 아메리칸》의 주필 프레드 구테를(Fred Guterl)은 4장의 도발적인 기사 '시한폭탄'에서, 인체에 치명적일 수 있는 병원체에 대한 연구 규제에 관련된 논란을 분석한다.

6장 ‘핵병기’, 7장 ‘스타워즈 : 궤도로부터의 공격’에서는 부수적 피해의 결과를 더욱 자세히 다루고 있다. 테레사 히친스(Theresa Hitchens)는 ‘우주 전쟁’에서, 우주에서 유리한 고지를 점하고 있는 나라들의 약점을 다룬다. 우주에서 하는 병기 실험은 막대한 양의 우주 쓰레기를 발생시켜 지구궤도를 통행 불가 상태로 만들 수 있다는 것이다. 이런 우주 쓰레기는 몇 년 동안 지구궤도를 돌다가 우주선에 충돌해 피해를 입히거나, 심지어 완파해버릴 가능성도 있다. 이러한 부수적 피해는 지구 전체에 악영향을 끼칠 수 있다.

이러한 질문들은 새삼스러운 것이 아니다. 기원전 4세기에 집필된 인도의 고전 《아르타샤스트라(Arthashastra)》에서도* 유독 물질을 주된 유효 성분으로 하는 병기와 그 적절한 이용에 관해 논하고 있다. 그로부터 오랜 시간이 흐른 후 1899년 헤이그육전조약에서는 명중 시 확장되는 덤덤탄의 전시 사용을 금지했다. 오늘날 인류가 가진 파괴력은 옛 지배자들을 두려움에 떨게 할 정도로 강력하다. 그러나 행운이 따른다면, 우리는 그 파괴력을 제어하는 데 성공할 것이다.

* ‘강국론’이라는 뜻.

– 제시 엠스팩(Jesse Emspak), 편집자

CONTENTS

1

하늘의 사신, 무인기

1-1 무인기 전쟁

래리 그리너마이어

2001년 9·11 테러 공격 이후 10년간 군사 기술은 괄목할 만한 발전을 이루었다. 미국과 그 연합국들은 이렇게 발전한 군사 기술로 현대전을 새롭게 정의했다. 이 기술들 중 중동에서 펼쳐지는 미군 작전에 가장 큰 영향을 준 것은 바로 무인기 기술이다. 무인기는 원격조종 항공기(remotely piloted aircraft, RPA)나 무인 항공기(unmanned aerial vehicle, UAV) 등으로 불리지만, 드론(drone)이라는 표현이 더 대중적이다. 미국이 아프가니스탄 작전을 개시하던 2001년 10월, 미 육군이 보유한 무인기의 총수는 54대에 불과했다. 그러나 2011년 현재 미 육군은 아프가니스탄, 이라크, 파키스탄에서 감시, 정찰, 공격 임무를 수행하는 데 4,000여 대의 무인기를 투입하고 있다. 현재 미군 전체에서 사용하는 무인기의 수는 6,000대가 넘는다. 무인기는 적의 전투원과 민간인을 살상한다는 비난과 논란에 휩싸이기도 한다. 그러나 계속적인 기술 발전으로 무인기는 더욱 똑똑해지고 민첩해질 것이다.

무인기는 결코 새로운 개념의 항공기가 아니다. 무인기의 기원은 무려 1840년대까지 거슬러 올라갈 수 있다. 그러나 9·11 이후에는 고도로 숙련된 조종사가 전투 현장에서 수천 킬로미터 떨어진 곳에서 조종간과 비디오 모니터로 다양한 센서와 병기가 장착된 무인기를 조종할 수 있게 되었다.

미 공군의 수석 과학자인 마크 메이버리(Mark Maybury)는 이렇게 말한다.

"9·11 이후 나타난 가장 큰 변화는, 군의 관심이 정규전에서 비정규전으로 옮겨 갔다는 것입니다." 미 공군은 무인기를 부를 때 RPA라는 이름을 선호하는데, 실제로 조종사의 조종을 받기 때문이다. 아무튼 무인기는 현지 민간인 및 지형지물 속에 숨는 능력이 뛰어나 그 위치를 알기 힘든 적들을 찾아내 공격함으로써, 미국과 그 밖의 연합국 군대가 비정규전에 쉽게 적응할 수 있도록 돕고 있다.

군뿐 아니라 CIA 역시 갈수록 무인기를 더욱 많이 사용하고 있다. CIA는 무인기를 가장 먼저 사용한 조직이기도 하다. 미 공군은 1995년에 처음 무인기를 사용한 이래 2007년 5월에 무인기 비행시간 25만 시간을 달성했다. 이 비행시간은 그로부터 불과 1년 반 만인 2008년 11월에 50만 시간으로 두 배가 되었다. 그리고 다시 1년여가 지난 2009년 12월, 미 공군의 무인기 비행시간은 75만 시간에 이르렀다.

2011년 6월에 발표된 미 의회예산국(Congressional Budget Office, CBO) 보고서에 따르면, 미 국방부의 2012년 계획에는 현재 임무 수행을 위한 기존 무인기 체계 구매 및 현재 운용 중인 체계의 개량, 그리고 미래를 대비한 더욱 강력한 무인기 체계의 개발 등이 포함되어 있다. CBO는 미 국방부가 2020년까지 각 군용의 중형 및 대형 무인기 730대를 구매하는 데 총 369억 달러를 쓸 것이라고 예측했다.

미군의 이러한 무인기 전력 확장은 비평가들이 무인기를 혹평하면서 우려의 시선을 받고 있다. 군에서는 무인기가 정확하다고 주장하지만, 일각에서는 무인기로 인해 지난 10년간 중동에서 민간인 수천 명이 사망했음을 지적하며 그 주장에 반박한다. 또한 민간인 거주 구역에서 벌어진 테러 조직(알카에다 등)과의 전투에서 주역을 맡은 것은 오랜 시간을 들여 그 효용성이 검증된 정보 자산들이었지, 무인기에서 발사한 헬파이어(Hellfire) 공대지미사일이 아니었다고 지적한다.

무인기 시대의 여명

전쟁에서 무인기가 처음 사용된 것은 지금으로부터 160여 년 전으로 거슬러 올라간다. 1849년 오스트리아가 무인 기구를 이용해 베네치아에 폭탄을 투하한 것이다. 당시 《사이언티픽 아메리칸》의 보도 기사 내용을 인용해본다. "바람이 알맞게 불면 이들 기구는 이륙하여 가급적 베네치아 쪽으로 방향을 잡는다. 그리고 베네치아 상공에 도달하면 해안에 설치된 갈바니전지, 그리고 전지와 기구를 잇는 절연 처리된 긴 구리 전선을 이용해 전자기 격발을 일으킨다. 이 격발로 기구에 실린 폭탄이 분리되어 수직으로 떨어지고, 폭탄은 지면에 닿으면서 폭발하게 된다."

20세기 초, 미군 역시 원격조종 항공기를 도입해 양차 세계대전에서 기만책 및 적 공격용으로 사용했다. 1950년대부터 이들 무인기는 카메라, 센서, 통신 장치 등을 장착하고 병사들을 지원하기 시작했다. 메이버리는 이렇게 말한다. "현대적인 기준의 무인기는 1990년대 초반부터 등장했다고 볼 수 있습니다. DARPA(Defense Advanced Research Projects Agency, 국방 고등연구 기획국)의 첨단 기술 개념 실증기로서 말이지요."

제너럴아토믹스에어로노티컬시스템스(General Atomics Aeronautical Systems) 사의 프레데터(Predator) 무인기는 1990년대 중반부터 전투에 투입되었으며, 미군의 1999년 코소보 항공전역(航空戰役)에도 투입되어 감시 정찰 임무를 수행했다. (날개폭이 20미터에 이르는) 프레데터는 2001년 10월 아프가니스탄에서의 항구적 자유 작전(미국 정부에서 아프가니스탄전쟁을 일컫는 명칭)에도 처음 투입되어 정보 수집 및 타격 임무를 수행했다. 2002년 11월 3일 예멘에서는 CIA 소속의 프레데터 무인기가 알카에다 테러 용의자 여섯 명을 헬파이어 미사일로 사살했다. 미국과학자협회(Federation of American Scientists, FAS)에 따르면, 이는 무장형 프레데터가 아프가니스탄 등 전투 지역 바깥에서 공격기로 사용된 첫 사례였다.

갈수록 격렬해지는 무인기의 임무

메이버리에 따르면, 미 공군은 2011년 한 해 동안에만 무인기를 이용해 400여 건의 전투를 지원했다. 2010년 한 해 동안 미 공군이 촬영한 임무 동영상은 3만 시간 분량이며, 1만 1,000장의 고해상도 사진도 촬영했다. 메이버리는 이렇게 말한다. "공군은 무인기를 원격조종 항공기(RPA)라고 부릅니다. 정예 요원인 조종사들과 센서 조작사들의 조종을 받아 비행하기 때문이죠. 저는 '드론'이라는 표현을 좋아하지 않아요. 개인적으로는 좀 짜증스러운 표현이라고 생각합니다."

1-1

미 공군은 9·11 이후 RPA를 대규모로 전개했다. 2001년 당시 미 공군이 운용하던 RPA는 1종뿐이었으나, 현재는 최소 4종의 중형 및 대형 무인기를 운용하고 있다. 우선 프레데터 175대와, 제트엔진을 장착한 노스롭그루먼(Northrop Grumman)제 RQ-4 글로벌호크(Global Hawk) 14대를 보유하고 있다. 글로벌호크는 미 공군이 가진 RPA 중 제일 큰 것으로, 날개폭이 35~40미터나 된다. 그리고 2011년 터보프롭엔진을 장착한 제너럴아토믹스 사의 MQ-9(프레데터의 대형화 버전) 약 40대가 추가되었다. 미 공군은 또한 록히드마틴(Lockheed Martin) 사의 RQ-170 센티넬(Sentinel) 무인기도 사용 중이다. CBO 보고서에 따르면, 이 무인기는 "미 공군이 최근에야 그 보유 사실을 인정한 스텔스 무인 정찰기"다.

2010년은 미 공군이 사상 최초로 고정익(固定翼) 유인기 조종사보다 RPA 조종사를 더 많이 배출한 해였다. RPA는 풀 모션 카메라와 야간 투시용 적외선 카메라, 그리고 통신 감청용 통신 정보 센서와 그 밖의 여러 센서를 갖추고 있다. RPA 한 대에는 조종사 한 명 이외에도 센서 조작사 한 명이 배치된다. 센서 조작사는 카메라와 통신 정보 센서를 조작하는 임무를 맡는다. 이 모든 정보는 '이용자'의 시스템에 들어간다. '이용자'는 모든 스트리밍 동영상과 기타 통신 정보를 분석하며, 필요할 경우 이 분석 결과를 조종사와 센서 조작사에게 제공하는 공군 인원을 말한다.

공군 이외의 다른 미군과 CIA 역시 무인기에 크게 의존하고 있다. 미 육군의 주력 중형 무인기는 노스롭그루먼 사의 MQ-5B 헌터(Hunter)와 (해병대에서도 사용 중인) AAI 사의 RQ-7 섀도(Shadow), 그리고 프레데터(두 가지 버전)다. CBO는 육군이 향후 5년간 무인기 전력 증강을 위해 59억 달러를 투입할 것으로 예측했다.

미 해군은 2011년 현재 두 종류의 RPA를 시험 중이다. 글로벌호크의 변형인 장기 체공 BAMS(Broad Area Maritime Surveillance, 광역 해상 감시) 무인기, 그리고 노스롭그루먼 사의 MQ-8B 파이어스카우트(Firescout) 무인 헬리콥터가 그것이다. CBO에 따르면, 미 해군은 2026년까지 BAMS 65대, 2028년까지 파이어스카우트 168대를 구입할 계획이다.

ROVER 지상 스테이션

이렇게 다양한 무인기가 있기에 매우 다양한 적에 대한 공격이 가능하지만, 아군 지상 병력과의 통신 능력도 그만큼 중요할 것이다. 이것을 가능하게 하는 것은 ROVER(Remotely Operated Video Enhanced Receiver, 원격 운영 영상 수신기) 지상 스테이션이다. 이 스테이션은 견고성이 뛰어난 랩톱, 소프트웨어, 핸드세트, 무전기로 구성되어 병사들에게 유인기와 무인기를 망라한 다양한 공중 플랫폼에서 얻은 정보를 실시간으로 전달해준다. 라이스대학 휴스턴캠퍼스 제임스 A. 베이커 3세 공공정책연구소(James A. Baker III Institute for Public Policy)의 정보 기술 정책 연구원이자 전 국무부 관료인 크리스 브롱크(Chris Bronk)에 따르면, 이 스테이션은 카메라가 달린 모든 플랫폼에서 나오는 데이터 피드를 스트리밍할 수 있다. 그는 이렇게 말한다. "이 스테이션은 미군 병사들에게 고지 너머의 상황을 실시간으로 보여줄 것입니다." ROVER 시스템이 2002년에 처음 나왔을 때는 군용차 험비로 운반해야 했다. 그러나 현용 버전은 배낭 하나면 충분하다.

ROVER는 "매우 혁신적입니다. 이것을 통해 무인기가 촬영한 영상을 지상에서 실시간으로 볼 수 있고, 미 본토의 DCGS(distributed common ground station, 분산형 공통 지상 스테이션)와 통신할 수도 있습니다." 메이버리의 말이다. ROVER를 가진 병사들은 RPA 조종사와 센서 조작사들에게 특정 방향이나 특정 지역을 정찰해달라고 요청할 수도 있다.

고르곤스테어(Gorgon Stare) 비디오 캡처 시스템이나 ARGUS-IS(Autonomous Real-time Ground Ubiquitous Surveillance Imaging System, 자율 실시간 지상 편재 감시 이미징 시스템) 같은 다중 카메라 체계의 설치 역시 최근 수년간 나타난 RPA 운영 개선점이라 할 수 있다. 메이버리는 이렇게 말한다. "오늘날 우리는 단일 풀 모션 비디오뿐 아니라 광역 모션 영상(wide area motion imagery, WAMI)도 사용할 수 있습니다. WAMI에서는 멀티 스폿 적외선 영상이 나옵니다. 10년 전에는 단 하나의 동영상 피드만 사용할 수 있었습니다. 그러나 요즘은 넓은 지역을 촬영한 초당 2프레임의 동영상에서 65곳의 장소를 확인할 수 있습니다."

ROVER를 사용하면 특정 채널에 연결할 수도 있고, 센서 조작사에게 특정 무인기가 보내오는 영상을 특정 채널로 볼 것을 지시할 수도 있다.

초소형 무인기

군과 정보기관은 정찰 및 감시 임무의 질을 높일 수 있는 소형 무인기에 갈수록 큰 흥미를 보이고 있다. 이러한 소형 무인기 중 일부는 사람의 손으로도 이륙시킬 수 있으며, 새나 곤충처럼 생긴 것도 있다.

오하이오 주 라이트-패터슨 공군기지에 있는 미 공군연구소 항공기부 소속 초소형 항공기 통합 및 적용 연구소는 초소형 무인기(micro air vehicle, MAV) 개발 및 실험을 주 임무로 하고 있다. 동체 길이가 60센티미터 이하인 MAV는 도시 환경에서 건물 지붕 높이 이하의 고도를 비행할 수 있다. MAV는 고정익, 회전익(헬리콥터식), 날개치기식, 심지어는 날개가 없는 형식으로도 만들 수 있다. 미 공군은 MAV를 적 병사들에게 가까이 접근시키는 수단으로 개발하고 있다. 하지만 MAV는 조종하기가 매우 어렵다. 바람이 조금만 세게 불어도 떠밀려갈 정도이기 때문이다.

캘리포니아 주 먼로비아에 위치한 에어로바이런먼트(AeroVironment) 사는 기체 중량이 20그램 이하인 초소형 무인기를 개발하고 있다. DARPA는 나노 무인기(Nano Air Vehicle, NAV) 프로그램의 일환으로, 이 회사와 벌새(hummingbird) 모양 항공기의 설계 및 비행 가능 시제품 제작 계약을 체결했다. 2011년 2월 에어로바이런먼트는 16센티미터 길이의 나노 허밍버드 무인기를 공개했다. 이 무인기는 수직 상승 및 하강이 가능하며, 좌우 측면 비행, 전진 및 후진 비행이 가능하다. 또한 원격조종으로 기수를 시계 방향 및 반시계 방향으로 돌리는 것도 가능하며, 작은 비디오카메라도 탑재할 수 있다.

생물에게서 영감을 받은 이 시제품 항공기는 지난 2005년에 시작된 DARPA NAV 프로그램의 3단계 중 2단계에 해당된다. 에어로바이런먼트 외에도 세 곳의 회사가 초소형 무인기 개발을 위한 1단계 계약을 체결했다. 이 가운데 매사추세츠 주 캠브리지에 위치한 찰스스타크드레이퍼래브래터리(Charles Stark Draper Laboratory) 사와 록히드마틴 사는 회전익 NAV를 개발했다. 그리고 에어로바이런먼트와 캘리포니아 주 오클랜드에 위치한 마이크로프로펄션(MicroPropulsion) 사는 날개치기 무인기에 집중하고 있다.

부수 피해

무인기는 공군 및 육군 장병의 생명을 위험에 빠뜨리지 않으면서도 적을 공격할 수 있는 무기로 미국인들에게 홍보되고 있다. 미군은 무인기의 공격 정확도 또한 매우 높다고 선전한다. 그러나 엄청난 수의 민간인이 희생되었다는 보고는 무인기의 정확성이 제한적 수준임을 의미한다. CIA와 백악관은 발 빠르게 대처했다. 아프가니스탄과 이라크 이외의 국가에서 벌어지는 '테러와의 전쟁'에 따른 부수 피해를 입증할 증거는 없다는 것이었다. 이러한 미국 정부의 주장은 여러 사람의 반박을 받았는데, 가장 최근에는 영국과 파키스탄 언론인들이 반박 보도를 내기도 했다.

무인기 공격에 의한 민간인 사망자의 수는 자료마다 다르다. 특히 파키스탄의 경우가 그렇다. 비영리기구 퍼블릭멀티미디어(Public Multimedia)에서 만든 웹사이트 '더 롱 워 저널(The Long War Journal)'의 주장에 따르면, 파키스탄에서 2006~2011년 무인기 공격으로 탈레반, 알카에다 및 그들과 연합한 극단주의 그룹의 간부 및 전투원 2,080명이 전사했으며, 동시에 민간인 138명이 사망했다. 한편 미국 정부의 주장에 따르면, 2001년부터 현재까지 미국 무인기는 파키스탄에서 적 전투원 2,000명 이상과 민간인 50명을 사살했다. 런던시티대학의 비영리기구 탐사보도국(The Bureau of Investigative Journalism)은 미국 정부의 이러한 주장을 반박하면서, 자신들의 연구에 따르면 2004~2011년 미국 무인기의 공격으로 2,292명이 사망했으며, 그중 민간인은 385명이고 이 가운데 160여 명은 어린이였다고 주장했다.

2011년 8월 《뉴욕타임스》에는 해군 제독 출신의 전 국가정보국장인 데니스 블레어(Dennis Blair)의 사설이 실렸다. 그는 특히 파키스탄에서는 무인기가 더 이상 알카에다의 공격력을 없애는 가장 좋은 전략이 되지 못한다고 지적했다. 그는 그 이유를 다음과 같이 설명했다. "무인기 공격으로 이동 또는 잠복 중인 알카에다 병사들을 방해할 수는 있습니다. 그러나 그들은 무인기 공격을 극복하고 작전을 계속할 능력이 있습니다."

한편 무인기 공격으로 민간인 사상자가 발생함에 따라, 미국을 도와 자국 내의 알카에다 세력을 분쇄하려던 파키스탄인들의 민심이 이반되고 있다고도 그는 지적했다. 그러나 블레어는 무인기 공격을 중단해야 한다고까지는 말하지 않았다. 대신 앞으로 무인기 공격을 기획할 때 미군과 파키스탄군이 더욱 긴밀히 협력해야 한다고 주장했다.

미래

앞으로 미군은 무인기를 더욱 다양한 임무에 사용하고자 한다. 메이버리에 따르면, 미 공군은 MAV와 NAV를 도입하는 것은 물론 일선 병사들에 대한 연료 등 보급품 수송 임무에도 RPA를 투입할 계획이다. 또한 RPA의 자율성은 더욱 높아져, 앞으로 인간의 감독은 받되 상시 조종을 받을 필요는 없게 될 것이다. 물론 쉬운 일은 아니다. 이것이 가능하려면 변화하는 전장 상황에 맞춰 결정을 내릴 수 있는, 인공지능을 갖춘 자율비행 체계가 필요하기 때문이다. 또한 미 공군은 자율적으로 상호 협력하여 목표를 공격할 수 있는 RPA 대군을 만드는 것을 장기 목표로 설정하고 있다. 물론 필요할 경우에는 지상의 조종사가 개입해 RPA의 배치나 진로를 바꿀 수 있게 할 것이라고 한다.

현재 무인기는 주로 정찰이나 지상 목표 공격에 이용되고 있지만, 미국과학자협회는 앞으로 더욱 다양한 종류의 임무에 무인기가 사용될 것이라고 전망한다. 인원 회수, 공중 재급유, 의무 후송, 미사일 방어 등의 임무 말이다.

미래의 무인기는 미사일뿐 아니라 지향성 에너지 병기(directed-energy weapon), 고출력 밀리미터파 병기도 사격할 수 있게 될 것이다. 지향성 에너지 병기에는 적의 장비를 교란 또는 파괴하는 레이저 병기가 포함되고, 고출력 밀리미터파 병기는 적 전투원에게 가벼운 화상을 입힐 뿐 죽이지는 않는 비살상 병기다.

오늘날의 무인기는 한 번 이륙해서 몇 시간, 길어봤자 며칠까지만 체공한다. 그러나 앞으로는 한 번 이륙해서 몇 년 동안 체공할 수 있는 무인기도 등장할 것이다. 메이버리는 이렇게 말한다. "2010년에 우리는 여러 가지 연구를 정력적으로 실시했습니다. 그중에는 벌처(Vulture), ISIS(Integrated Sensor Is the Structure, 통합 센서 구조) 같은 초장기 체공 무인기도 있습니다. 이들 무인기는 필요한 동력의 일부를 경량 태양전지로 얻습니다."

무인기 기술이 얼마만큼 발전했든 간에 한 가지 분명한 사실이 있다. 무인기가 오늘날의 위상을 누리고 있는 것은 지난 10년간 미군을 지원하면서 보여준 높은 활용도 때문이라는 점이다.

1-2 국가 안보에 대한 위협

존 빌라세뇰

2020년 어느 날, 두 공군 장교가 네바다 주 어느 공군기지의 어두운 통제 본부에 앉아 있다. 두 장교는 일렬로 늘어선 컴퓨터 화면을 주의 깊게 들여다보고 있다. 둘 중 한 장교가 오른쪽에 있는 조종간을 부드럽게 누르자, 지구 반대편에서 대당 무게가 고작 수백 그램인 소형 무인기 12대가 오른쪽으로 기체를 기울여 작은 마을로 향했다. 무인기들의 비행음은 거의 들리지 않지만 비행 속도는 시속 65킬로미터나 되었다. 그 작은 마을은 테러리스트들의 활동지로 의심되는 곳이었다. 통제 본부 중앙에 놓인 대형 모니터에는 선도(先導) 무인기의 야간 투시 카메라가 촬영하는 영상이 실시간으로 나오고 있었다. 약 300미터 전방에 첫 건물이 나타났다.

또 다른 장교가 터치스크린을 통해 여러 명령을 순서대로 입력하자, 무인기 세 대가 편대를 이탈해 마을 주위를 돌면서 동영상 촬영을 시작했다. 이들이 찍은 동영상은 나중에 이곳의 지형, 도로, 건물에 대한 고해상도 3차원 모델을 작성하는 데 사용될 것이다. 나머지 아홉 대는 마을 바로 위를 날면서 편대를 해체하여 각자의 임무에 돌입했다. 두 대는 폭발물에서 나오는 미세한 양의 화학물질이 있는지를 탐지하고, 그 측정값을 현지의 바람 측정값과 종합해 폭발물이 저장되어 있을 확률이 높은 건물을 찾아냈다. 또 다른 세 대는 의심되는 건물에 모여 고해상도 카메라로 벽, 지붕, 경계선을 촬영했다. 또 창문 앞에서 잠시 제자리비행을 하며 건물 내부도 촬영했다.

나머지 네 대의 무인기는 각각 쌀알보다 조금 더 무거운 정도의 감시 장비를 하나씩 탑재하고 있었다. 이 장비에는 비디오카메라, 마이크로폰, 무선 송수신기가 들어 있었다. 이들 네 대는 사전에 주의 깊게 고른 네 곳의 장소로 흩어져 탑재하고 있던 감시 장비를 투하한 뒤, 마을을 빠져나가 수백 미터 떨어진 곳에 착륙했다. 풀숲 속에 숨은 이들 네 대의 무인기는 감시 장비에서 보내오는 무선 신호를 중계하는 역할을 할 것이다.

이것이 공상과학소설의 한 장면처럼만 느껴지는가? 머지않은 장래에 현실이 될 일이다. 방금 언급한 기술들은 모두 현존하거나, 곧 실현될 것들이다. UAS(unmanned aircraft systems), UAV 등의 이름으로 불리는 무인기는 정밀 스마트폰, 태블릿, 랩톱 등에 쓰이는 기술을 통해 발전하고 있다. 이러한 전자 기술이 드론 기체 및 추진 체계 설계 기술과 합쳐지면 매우 작고 저렴한 무인기를 만들 수 있다. 그리고 이들 무인기를 터치스크린이나 컴퓨터용 마우스 또는 조종간 등의 간단한 인터페이스로 조종하는 것도 가능해진다.

무인기는 미군의 전쟁 수행 방식을 바꿔놓았다. 적이 거의 탐지할 수 없는 플랫폼을 통해 과거에는 꿈도 꿀 수 없을 만큼 많은 항공사진과 동영상을 모으는 데 성공했다. 또한 조종사의 생명을 위험에 노출시키지 않고도 표적을 공격할 수 있다. 그러나 적절한 장비를 갖춘 무인기를 구한다면 누구라도 이런 능력을 악용할 수 있다. 무인기의 수가 많아지고, 크기가 작아지고, 가격이 저렴해지고, 전 세계의 유통망을 통해 더욱더 널리 보급될수록 구하기도 쉬워졌다. 이런 무인기가 특정 국가의 전유물로 남으리라고 생각하는 것은 군사 기술의 장구한 역사를 모르는 짓이다. 실제로 무인기는 이미 수십 개 국가에서 개발 및 사용되고 있으며, 향후 10년 동안 전 세계에서 무인기 기술에 투자할 돈은 1,000억 달러에 육박할 것으로 추산된다.

작게, 더 작게

무인기의 형상과 크기, 능력은 놀랍도록 다양하다. 이는 무인기에게 맡겨진 임무가 매우 다양하다는 방증이다. 어떤 무인기의 주 임무는 감시인 반면, 공격이 주 임무인 무인기도 있다. 상업용 유인기만 한 크기와 속도를 갖추어 수백수천 킬로미터 떨어진 장소에 신속 전개가 가능한 제트추진 무인기도 있고, 한 번 이륙하면 몇 개월 동안 체공하면서 수백 제곱킬로미터를 감시할 수 있는 대형 무인 비행선도 있다. 그러나 국가 안보와 사생활에 가장 큰 잠재적 위협이 되는 것은 소형 무인기인데, 획득과 운반이 쉬운 데다 비행하고 있을 때 탐지하기가 거의 불가능하기 때문이다.

소형 무인기는 이미 군 작전용으로 사용되고 있다. 미군에서 사용되는 레이븐(Raven) 무인기는 무게가 2킬로그램 미만이며, 병사가 하늘을 향해 맨손으로 던져 이륙시킬 수 있다. 일단 이륙하면 목적지로 날아가 재래식 컬러 동영상과 야간 투시경을 이용한 적외선 동영상으로 표적을 촬영한다. 임무가 종료되면 자동으로 착륙하며, 회수해 다음 임무에 재사용할 수 있다. 2011년 여름, 리비아의 반란 세력은 캐나다 에리온랩스(Aeryon Labs) 사의 스카우트 무인기로 항공 감시를 했다. 1.4킬로그램 중량의 스카우트 무인기는 헬리콥터처럼 생겼다.

연구 중인 초소형 무인기는 더 작다. DARPA의 지원을 받아 미국 캘리포니아의 에어로바이런먼트 사에서 개발한 나노 허밍버드 무인기의 시제품은 중량 18그램에 날개폭은 15센티미터를 조금 넘는 정도지만 동영상 촬영이 가능하다. 오하이오 주 공군기지의 공군 연구자들은 '초소형 새장'을 건설했다. 이는 실내 무인기 비행 연구 시설로, 곤충처럼 날개 치는 무인기를 개발하기 위한 곳이다.

기술이 발전하면서 더 작은 무인기를, 그것도 더 쉽고 저렴하게 제작할 수 있게 되었다. 소형 무인기는 전선의 병사를 지켜주고, 경찰관이 범죄 현장에서 증거를 수집하는 데 중요한 도구가 되며, 자연재해 지역에 투입되는 수색 구조대원의 신속한 현장 조사에도 유용하게 쓰일 것이다. 그러나 이런 무인기가 악당들의 손에 들어간다면? 당연한 얘기지만, 매우 좋지 못한 용도로 사용될 수 있다.

안보상의 문제

대부분의 전쟁 역사에서는 표적을 자세히 관찰하려고 가까이 다가가면 다가갈수록 이쪽도 표적이 될 위험을 감수해야 했다. 그러나 이러한 이치는 무장 무인기가 등장하면서 거짓말이 되었다. 무장 무인기는 몇 킬로미터 이상 떨어진 조종사에게 고해상도 실시간 동영상을 보여주면서도, 무기를 싣고 표적의 코앞에서 비행할 수 있기 때문이다. 이런 무인기가 아군의 손에 있다면 전세를 역전시킬 수 있을 테지만, 적의 손에 있다면 무시무시한 위협이 될 것이다.

현존하는 안보 인프라는 민감 장소에 대한 접근을 제한하고 있지만, 무인기에 대해서는 별 소용이 없다. UAV는 훨씬 큰 유인기를 추적하기 위해 만들어진 기존 레이더 체계의 감시를 피해 철조망이나 담장을 넘어갈 수 있다. 무인기는 차량의 트렁크나 배낭에 넣어 운반할 수 있기 때문에 누구나 갈 수 있는 공원, 주차장, 시내 도로, 강변, 고속도로 등 어디에서나 이륙이 가능하다. 이륙한 무인기는 불과 몇 분 만에 이륙 지점에서 몇 킬로미터 떨어진 장소까지 날아갈 수 있다. 간단히 말해 무인기가 갈 수 없는 도시, 주택, 건물은 없는 셈이다.

무인기 사용에 책임을 질 수 있는 믿음직한 개인 및 조직만 무인기를 접하게 하는 것이 이상적이다. 그러나 실제로 무인기의 보급을 규제하려는 노력은 아무 성과도 거두지 못했을뿐더러, 매우 큰 장애에 직면했다. 소형 무인기에 사용되는 핵심 정보 기술 기기, 즉 초소형 비디오카메라, 동영상 처리용 칩, 고속 무선통신 시스템 등은 다른 저렴한 소비자 가전제품들에서도 쉽게 구할 수 있다. 그리고 매우 정밀하고 강력한 무인기를 만들 만한 역량을 갖춘 DIY 취미인의 수는 이미 많을 뿐만 아니라 점차 늘어나고 있다. 게다가 현재 무인기는 여러 나라에서 생산되고 있으며, 국제시장에서 유통되는 양도 늘어나고 있다. 때문에 한 나라에서 그 확산을 규제한다고 해도 전 세계에 미치는 영향은 미미하다. 그리고 무인기는 적법한 비군사적 용도, 예를 들면 법 집행, 석유 파이프라인 등의 인프라 구조물에 대한 관찰 및 경비 임무 등에 많이 활용되고 있으므로 판매를 금지하는 것도 현실성이 없다.

물론 무인기를 제작하거나 구입하는 사람들의 절대다수는 이를 악용할 의도가 없다. 그러나 무인기 및 무인기 관련 전문 지식을 갖춘 사람들의 수가 늘어나면서, 이들은 테러리스트 조직의 관심을 끌 수밖에 없게 되었다. 그리고 테러리스트 조직은 이미 무인기에 관심을 보이고 있다. 콜롬비아의 게릴라 조직 FARC, 일본의 (1995년 도쿄 지하철 가스 테러를 저지른) 신흥종교 옴진리교, 알카에다 모두 무인기 사용을 검토했다고 한다. 다만 이들이 실전에서 무인기를 사용했다는 증거는 아직 없다.

무인기가 가하는 안보상의 위협은 예전부터 고려의 대상이 되어왔다. 지난 2004년 미 하원 소위원회에서는 몬터레이 핵 비확산연구본부의 데니스 곰리(Dennis Gormley)를 불러 증언을 들었다. 미국 연방 정부의 자금 지원을 받는 국방분석연구소에서 지난 2005년 발행한, 기밀 해제된 보고서에 따르면 "테러리스트들이 운용하는 무인기는 표적으로부터 가시거리 밖에서 이륙해 무인기가 목표에 충돌하기 전까지 그들에게 도주의 시간을 벌어줄 수 있으며, 운반과 이륙 및 도주 중 탐지될 가능성은 거의 없다."

그러므로 무인기가 안보에 위협이 된다는 인식 자체는 새로운 것이 아니다. 새로운 것은 지난 몇 년간 위협의 크기를 늘리고, 위협에 맞서는 측이 해결해야 할 과제를 늘린 기술 발전이다. 2000년대 초반 무인기는 비확산 관련 논의에서 순항미사일과 함께 다루어졌다. 그러나 시대가 변했다. 오늘날의 무인기는 정보 기술의 발전에 힘입어 크기도 획득 난이도도 순항미사일보다는 스마트폰에 더 가까운 존재가 되어버렸다.

미래

그렇다고 아무 대책이 없다는 소리는 아니다. 킬 스위치와 숨겨진 추적 소프트웨어가 달린 무인기는 실종될 경우 무력화나 추적이 가능하다. 국내 규제와 국제 확산 방지 노력이 적절히 맞물린다면, 무인기가 악당들의 손에 들어갈 확률을 완전히는 아니더라도 크게 줄일 수 있다. 저공으로 접근해오는 무인기를 감지하고, 필요한 경우 전자기적 또는 물리적으로 격추할 수 있는 시스템을 중요한 정부 건물에 설치할 수도 있다.

누군가에 의해 악용될 수도 있는 무인기가 앞으로 하늘에서 완전히 사라질 리는 없다. 그러나 적절한 조치를 취한다면 무인기가 악용될 가능성을 최소화할 수 있다.

1-3 사생활에 대한 위협

존 빌라세놀

미 대법원 판사 안토닌 스칼리아(Antonin Scalia)는 지난 2001년 대법원 의견서에 이런 말을 적었다. "기술은 사생활 보장 범위를 축소하는 힘이 있다." 무인기만큼 그런 힘을 강하게 가진 기술도 드물 것이다. 수백수천 미터 고도를 비행한다는 점 때문에, 무인기는 도청의 새로운 차원을 열었다. 무인기는 뒷마당을 내려다볼 수도 있고, 거리에서는 보이지 않는 집 안을 창문 틈으로 훔쳐볼 수도 있다. 와이파이 신호를 감시할 수도 있고, 기지국인 양 위장해서 휴대전화 통화 내용을 실제 기지국에 앞서 가로챌 수도 있다. 무인기로 이루어진 네트워크를 이용하면 도시 안 모든 차량의 움직임을 추적할 수도 있다. 이런 능력은 도주 중인 은행 강도의 차량을 쫓아야 하는 경찰에 매우 유용하지만, 다른 사람에게는 비밀로 하고 있는 질병을 치료하기 위해 병원으로 차를 몰고 가는 환자를 미행할 때 쓰이면 사생활 침해가 된다.

무인기의 비군사적 이용은 최근에야 빠르게 늘어나기 시작했다. 다시 말해 무인기가 사생활에 끼치는 영향에 관한 충분한 법적 선례가 없다는 것이다. 하지만 이와 밀접히 관련된 법적 사례, 그리고 발전하고 있는 사생활 관련의 법적·사회적 기준들을 볼 때 이 문제가 복잡하다는 점만큼은 확실하다. 한 가지 예를 들어보자. 과거 미국 캘리포니아 주 가정집들의 뒷마당을 무대로 비밀 마리화나 공장이 확산되었는데, 이들 공장은 항공기 말고 다른 수단으로 관측이 불가능했다. 1986년 미국 대법원은 이들 공장을 관측하기 위해 항공기를 사용한 법 집행기관의 행위는 부당한 압수 수색을 당하지 않을 권리를 명시한 미국 수정헌법 4조에 위배되지 않는다고 판결했다. 그 행위가 누구나 통행할 수 있는 공공 공역에서 이루어졌기 때문이라는 것이 그 이유였다. 이러한 판례는 공공 공역에서 무인기를 날리는 사람들이 매우 광범위한 감시 행위를 즐길 권리가 있다고 해석될 가능성이 있다.

그러나 무인기를 이용한 계속적이고 집요하며 체계적인 감시는 언젠가 분명히 사생활 권리와 충돌을 일으킬 것이다. 그 시점이 언제인지 예측하는 것은 쉽지 않겠지만 말이다. 몇 가지 예를 들어보겠다. 미국에서 사생활 권리는 수정헌법뿐 아니라 일부 주의 주 헌법과 주 법률에 의해서도 보장받는다. 유럽은 유럽인권보호조약 8조에서 개인 및 가정 생활을 존중받을 권리를 명시하고 있다. 무인기가 사생활에 미칠 영향을 예측해 무인기의 운용 장소와 운용 주체, 운용 환경, 운용 고도에 대한 규제를 정하는 것도 새로운 과제다. 미국의 경우 연방항공청(Federal Aviation Administration, FAA)은 소형 무인기의 사용을 규제하는 정책을 입안 중이며, 이 정책을 가까운 미래에 제안 및 공표할 것이다.

FAA와 다른 나라의 유사 기구들이 내놓을 규제 정책의 세부 내용이야 어찌 되었든, 무인기는 사생활에 매우 큰 영향을 미칠 것이 확실하다. 무인기는 상공에서 엄청난 양의 정보를 쉽고 저렴하게 모을 수 있기 때문이다. 스탠퍼드대학 로스쿨 CIS(Center for Internet and Society, 인터넷과 사회 센터)의 라이언 칼로(Ryan Calo)는, 무인기의 광범위한 사용은 사생활 보호법의 강화를 불러와 사생활을 더욱 안전하게 지켜줄 것이라고 주장한다. 그러나 설령 그 말대로 된다고 해도, 새로운 사생활 보호 수단이 어떤 모습일지, 사생활 보호와 무인기가 수집한 정보의 유익한 사용 사이의 균형을 어떻게 맞춰야 할지는 아직 불확실하다.

2

전장에서

2-1 터미네이터를 금지하라

공저

2003년 이라크를 침공한 미군은 인간 대 인간의 재래식 전쟁을 치렀다. 하지만 싸움에는 로봇들도 참전했다. 이라크와 아프가니스탄에서 수천 대의 무인 로봇이 길가의 IED를* 제거하고, 길모퉁이의 저격수를 찾아내고, 탈레반 소굴에 미사일을 발사했다. 로봇들은 마치 지구에 처음 발을 들인 기계 외계인처럼 전쟁터로 쏟아져 들어오고 있다.

*improvised explosive device의 약어로, 사제 폭탄을 일컫는다.

전쟁 기술의 사용을 규제하는 국제법보다 전쟁 기술이 더 빠른 속도로 발전한 것은 이번이 처음은 아니다. 1차 세계대전 중에는 야포로 화학병기를 발사하고, 무고한 도시에도 항공기로 폭격을 가했다. 초등학교 옆에 있는 탄약공장을 군사적 목표물로 삼는 것이 옳은가, 하는 문제에 대해 각국이 합의에 도달한 것은 나중의 일이었다.

오늘날도 이와 비슷한 일이 벌어지고 있다. 다만 그 일로 더욱 심각하고 충격적인 결과가 초래될 가능성이 높지만 말이다. 브루킹스연구소의 분석가 싱어(P. W. Singer)가 다음 장 '기계들의 전쟁'에서 묘사하듯이, 로봇 병기의 융성은 각국의 전쟁 규칙을 시대에 엄청 뒤진 것으로 만들고 있다. 민족국가 간의 무력 분쟁은 잔혹하지만, 적어도 국제법과 군기를 따라 진행된다. 뭐든 전투의 열기를 따라 제멋대로 진행된다는 것은 사실이 아니다. 싱어는 군용 로봇 혁명을 다룬 인기 서적《하이테크 전쟁(Wired for War)》에 이렇게 썼다. "물론 이러한 규칙은 위반되는 경우도 있다. 그러나 이런 규칙이 있기에 전쟁에서 일어나는 살상은 살인과 구분되며, 군인은 범죄자와 구별된다."

그러나 이러한 규칙들은 로봇이 전투에 투입되면서 깨지기 시작했다. 법적 또는 윤리적으로 관련된 문제들은 얼마든지 있다. 프레데터 무인기가 쏜 미사일이 엉뚱한 표적을 명중시켰을 경우 누가 책임을 져야 하는가? 무인기가 잘못 쏜 미사일 때문에 이라크, 아프가니스탄, 파키스탄에서 죽은 사람은 1,000명에 이른다. 무인 정찰기가 '관심 목표물'을 발견했을 때 그에 관련된 책임은 중동의 전선 지휘관이 져야 하는가, 아니면 공습이 실시되는 곳에서 무려 1만 1,200킬로미터나 떨어진 라스베이거스 인근의 군 기지에 있는 무인기 조종사도 나누어 져야 하는가? 그리고 무인기의 오발에 연관된 프로그램 오류를 일으켰을지도 모르는 소프트웨어 엔지니어는 책임이 없는가?

'원격조종 전쟁'의 교전 규칙을 생각해보면 참 비현실적인 여러 의문이 든다. 네바다에 있는 무인기 조종사는 과연 적법한 전투원인가? 그렇다면 퇴근하고 장을 보러 가거나, 딸의 축구 경기를 보러 가는 그를 적법한 군사적 목표로 규정해서 공격해도 되는가? 전투원과 민간인의 경계는 갈수록 희미해지고 있는데, 그렇다면 미 본토의 가정과 학교에 적의 공격이 가해질 수도 있지 않을까?

원격조종 로봇은 이미 존재하며, 그 이용을 규제하기 위한 규칙을 만들 수 있다. 그러나 인간이 최종 단계에서의 거부권 정도만을 행사하는 반자율 로봇의 경우에 문제는 더욱 심각해진다. 이런 시스템에 약간의 소프트웨어 업그레이드만 하면 완전 자율형 작전이 가능해진다. 터미네이터처럼 자신들의 주인에 반기를 들고 추적해 죽이는 인간형 로봇이 나온다고 생각해보라. 생각만 해도 온몸이 얼어붙을 것이다. 스스로 목표를 정해 공격하는 완전 자율 로봇 병기는 국제인도법에서 언급한 '인간' 부분을 위반한다. 국제인도법은 그러한 비인도적인 병기들의 사용을 금하고 있다.

물론 완전 자율 로봇의 금지는 너무 순진한 생각이라는 의견도 있을 수 있다. 또한 이러한 금지 조치가 게릴라와 싸우는 아군 병사의 손발을 묶을 것이라는 의견도 있을 수 있다. 그러나 로봇 사용에 따른 명백한 전술적 이점이 있다고 해도, 그 전략적 비용은 엄청나다. 전쟁법은 근본적으로 자선을 베푸는 법이 아니라 자기 이익을 위한 법이다. 화학병기와 생물학병기가 널리 전파된다면 미국은 강해지는 것이 아니라 약해진다. 로봇의 경우도 마찬가지다. 로봇은 재래식 전투력을 싸게 대체할 수 있는 수단이다. 그리고 미국 이외의 다른 국가, 심지어 레바논의 헤즈볼라 같은 정치단체까지도 이미 로봇을 사용하고 있다. 미국이 언제까지나 로봇 기술의 선두 주자 자리를 지키리라는 보장은 없으며, 따라서 언제까지나 로봇 기술의 강대국으로서 로봇 사용 규제를 협의하라는 조언을 받는 위치에 있으리라는 보장도 없다. 이미 램프에서 빠져나온 지니를 다시 램프 속으로 돌려보낼 수는 없겠지만, 이 기술의 향후 발전을 규제한다면 그로 인해 생길 피해를 막을 수 있다.

완전 자율 로봇 병기의 금지를 위해 움직이기에 가장 알맞은 위치에 있는 기구는 제네바협약을 지키는 국제적십자위원회다. 각국 정상이 회담을 열어, 무장한 완전 자율 로봇을 화학 작용제 및 생물학 작용제와 동급으로 규정하는 것이야말로 좋은 출발점이 될 것이다. 과학계 역시 핵병기 통제를 위한 퍼그워시 운동* 때처럼 이 문제에 적극적으로 나서야 한다. 지금 조치를 취하지 않는다면 기계들의 전쟁은 공상과학영화 속의 악몽이 아닌 현실이 되고 말 것이다.

*1957년 캐나다의 퍼그워시에서 시작된 반전 반핵 운동.

2-2 기계들의 전쟁

싱어

1970년대 초반 한 무리의 과학자, 공학자, 방위산업 사업가, 미 공군 장교 들이 모여 전문가 집단을 만들었다. 이들이 힘을 합쳐 해결하려 했던 과제는 두 가지였다. 첫 번째는 인간의 제어 없이 자율적으로 작동하는 기계를 만드는 일, 두 번째는 대중과 국방부의 높은 양반들에게 로봇을 전쟁터에 투입하는 것이 이롭다고 납득시키는 일이었다. 수십 년 동안 이들은 비교적 은밀하게 1년에 한두 차례 모임을 가지면서 기술적 문제를 논의하고, 소문을 전파하고 친목을 다졌다. 이 모임의 이름은 국제무인시스템협회(Association for Unmanned Systems International)다. 한때 친목 모임 성격이 강했던 이 협회는 2010년 현재 55개국 1,500개의 기업과 단체를 회원사로 거느리고 있다. 사실 너무 빨리 성장하면서 이 협회는 정체성 위기에 직면했다. 샌디에이고 모임 때는 로봇 기술의 놀라운 발전사를 설명하기 위해 훌륭한 스토리텔러를 고용하기까지 했다. 한 참석자의 다음과 같은 의문에 답을 주기 위해서였다. "우리는 어디에서 왔는가? 어디에 있는가? 어디로 가야 하고, 어디로 가고 싶은가?"

이들의 자기 탐구를 부추긴 것은, 전장에서 로봇 사용이 급속도로 늘어간다는 점이었다. 로봇은 화약과 항공기의 발명 이래 현대전을 가장 크게 바꾼 발명품이다. 2003년 쿠웨이트를 출발한 미군이 바그다드로 진격할 때는 단한 대의 로봇도 없었다.

하지만 2010년 현재 미군에는 무인기 7,000대, 무인 차량 1만 2,000대가 있다. 이들에게 주어진 임무도 적군 저격수 탐지에서부터 파키스탄 산악 지대의 알카에다 은거지 폭격에 이르기까지 다양하다. 세계 최강군인 미군은 한때 로봇이 미군의 문화에 어울리지 않는다며 기피했다. 그러나 현재 미군은 휴대전화로 IED를 격발시키고 민간인 틈으로 도망치는 적 게릴라에 맞서 로봇을 적극적으로 활용하고 있다. 로봇 체계는 이런 새로운 전투에서 그 효과가 뛰어나다. 그러나 자율성과 인공지능이 뛰어난 기계를 전투에 투입하는 것이 갖는 의미에 대한 치열한 논쟁을 불러일으키기도 했다. 병사 대신 로봇이 위험한 일을 하면 병사의 생명을 구할 수 있다. 그러나 로봇 사용이 증대되면서 '전쟁의 본질적 속성이란 무엇인가?', '이러한 기술 때문에 우발적 개전의 확률이 더 높아지지 않겠는가?' 같은 깊은 정치적·법적·윤리적 의문이 제기되었다.

체코의 소설가 카렐 차페크(Karel Čapek)가 1921년에 발표한 희곡 〈R.U.R.〉을* 이러한 논의의 시초로 보는 데 이의를 제기하는 사람은 거의 없다. 차페크는 이 작품에서 인간을 돕는 기계 하인을 가리키는 데 '로봇'이라는 표현을 처음 사용했다. 이 작품 속 로봇들은 결국 인간에 맞서 반란을 일으킨다. '로봇'이라는 말은 상당히 함축적인 표현이었다. 이 말의 기원은 '노예 상태'를 의미하는 체코어, 그리고 '노예'를 의미하는 옛 슬라브어에서 찾을 수

*Rossumovi Univerzální Roboti의 약자로 '로숨의 만능 로봇'이란 뜻이다.

있기 때문이다. 1800년대에 '로보트닉(robotnik)'이라고 불리던 체코인 농노들은 부유한 지주들에 맞서 반란을 일으켰다. 인간이 하기 싫은 일을 로봇에게 맡기지만 결국 로봇에게 주도권을 뺏기고 만다는 줄거리는 오늘날의 〈터미네이터〉와 〈매트릭스〉에까지 이어지는 공상과학 장르의 주된 이야깃거리다.

할리우드는 '로봇이 인간을 멸망시키려 음모를 꾸미고 있다!'는 상상에 기름을 붓고 있다. 그래서 요즘의 로봇 공학자들은 그런 이미지를 주지 않기 위해 '무인'이나 '원격조종' 같은 수식어를 붙이곤 한다. 로봇을 가장 간단히 정의하자면, '감지-사고-행동' 패러다임을 따라 작동하게끔 만들어진 기계라고 할 수 있다. 말하자면 우선 로봇에게는 주변의 상황 정보를 알 수 있는 센서가 있다. 이 센서들이 모은 데이터는 컴퓨터 연산장치로 넘어가고, 인공지능 소프트웨어가 이 데이터를 보고 적절한 결정을 내린다. 마지막으로 이 결정에 따라 실행기로 알려진 기계 장치가 외부 세계에 뭔가 물리적 행동을 하게 된다. 할리우드 영화에 나오는 로봇은 안에 배우가 들어가서 연기해야 하니까 사람 모양인 경우가 많지만, 실제 로봇이 굳이 사람 모양일 필요는 없다. 로봇의 크기와 형상은 수행하는 임무에 따라 제각각이고, 영화 속 로봇인 C-3PO나 터미네이터를 떠올리게 하는 것은 소수다.

GPS 시스템(Global Positioning Satellite system, 전 세계 위치 파악 시스템), 비디오게임을 연상시키는 원격조종 장치, 그 외의 여러 다른 기술 덕분에 로봇의 전투 효용과 편의성은 지난 10년 동안 높아졌다. 적대적인 환경에서도 인간 조종사를 위험에 노출시키지 않고 표적에 대한 관측, 정밀 조준, 공격을 실시하는 로봇의 성능은 크게 좋아졌으며 9·11 테러 공격 이후로 매우 중요시 되었다. 아울러 지상에서 로봇이 성공적으로 운용된 사례는 큰 반향을 불러일으켰다. 현재 폭탄 제거용으로 널리 사용되는 팩봇(PackBot)의 사례를 들어보겠다. 팩봇 시제품은 2001년 아프가니스탄전쟁 개전 이후 수개월에 걸쳐 실전에서 현장 실험을 했다. 팩봇을 운용하던 병사들은 이 로봇을 매우 좋아해 제작사인 아이로봇(iRobot)에 반납하지 않으려고 했을 정도다. 아이로봇은 이후 수천 대의 팩봇을 제조해 판매했다. 또 다른 로봇 제작사의 중역은 9·11 이전까지 국방부에 무슨 말을 해도 답이 오지 않았지만, 9·11 이후에는 "가급적 빨리 로봇을 만들어달라"는 주문을 받았다고 말한다.

군용 로봇의 채용에는 가속도가 붙었다. 그것은 이라크전쟁에서 확연하다. 2003년 이라크를 침공한 미 지상군은 단 한 대의 로봇도 없었다. 그러나 2004년 말에는 150여 대의 로봇을 보유했고, 그로부터 1년 후에는 2,400대로 늘었다. 오늘날 미 전군이 보유한 로봇의 수는 1만 2,000여 대에 달한다. 이러한 추세는 로봇 항공기인 무인기에서도 나타난다. 이라크전쟁 개전 당시 지상군을 지원하는 무인기는 극소수였지만, 2010년 현재 7,000여 대나 된다. 그리고 이러한 발전은 시작에 불과하다. 어느 미 공군 중장의 예측에 따르면, 미국이 다음번 대전쟁을 벌일 때 투입될 로봇은 수천 대가 아니라 수만 대가 될 것이다.

이러한 수치는 불과 몇 년 전까지만 해도 로봇의 능력을 불신하며 전투의 선봉에는 인간이 나서야 한다고 믿던 군부의 태도가 크게 변했음을 의미한다.

오늘날 미국의 육해공군이 10대 지원병들을 모집하기 위해 방송하는 텔레비전 광고에서도 그런 변화를 극찬하고 있다. 미 해군 광고에서는 이렇게 말한다. “저희는 최전방에 인간이 설 필요가 없도록 매일 노력하고 있습니다!”

10대들이 군문에 발을 디딜 때부터 전역할 때까지, 자율 시스템 체험은 군 생활의 중요한 한 부분을 이룬다. 육군에 입대한 이들은 최신의 가상훈련 소프트웨어를 통해 병기 체계 운용 교육을 받고, 교육이 끝나면 이라크나 아프가니스탄에서 잔디깎이만 한 팩봇 또는 탈론(TALON) 등의 지상 로봇을 이용해 폭탄을 제거하거나 능선의 게릴라를 탐지해낼 것이다.

해군에 입대한 젊은이들도 마찬가지다. 이들이 탑승할 이지스급 구축함이나 연안 전투함은 파이어스카우트 무인 헬리콥터에서 프로텍터(Protector) 무인 경비 모터보트에 이르는 다양한 로봇 체계의 모선 역할을 하고 있다. 잠수함에 배치된 수병들도 REMUS(Remote Environmental Monitoring Unit System, 원격 환경 감시 장비 체계. 우즈홀해양연구소에서 개발한, 어뢰처럼 생긴 로봇 잠수정) 무인 잠수정 같은 무인 수중 장비를 조작하여 기뢰를 탐지하거나 비우호국의 해안을 정찰하게 된다. 해군 항공대도 미 본토를 떠날 필요 없이 중앙아시아 상공으로 프레데터 또는 글로벌호크 무인기를 비행시키게 된다.

미래의 군용 로봇

모병 광고에서 오늘날의 군대에 있다고 묘사되는 이런 기술들은 마치 공상과학영화 속의 이야기 같다. 그러나 사실을 말하자면, 현대는 군용 로봇 기술의

1세대에 불과하다. 앞으로는 더욱더 대단한 것들이 나올 것이다. 즉 오늘날 IED를 수색하는 팩봇 로봇과 아프가니스탄 상공을 나는 프레데터도 언젠가는 모델 T포드 자동차와 라이트 형제의 플라이어만큼이나 구닥다리로 여겨질 것이라는 얘기다. 차세대 로봇의 시제품들을 보면, 미래의 전쟁 수행 방식을 바꿀 세 가지 큰 변화를 엿볼 수 있다.

과거 로봇의 개념은 '무인 체계'였다. 다른 기계와 똑같고, 다만 내부에 조종사가 탑승하지 않는다는 점이 로봇의 특징이었던 것이다. 그러나 이러한 개념은 점차 희미해지고 있다. 로봇 기술의 발전은 여러 면에서 자동차 기술의 발전사를 따라가고 있다. 처음에 자동차는 말 없는 마차 정도로만 여겨졌지만, 이런 개념은 설계자들이 새로운 형상과 크기의 자동차를 구상하기 시작하면서 과거의 것이 되었다. 로봇의 경우도 마찬가지로, 옛 선입견을 버리자 다양한 형상의 로봇이 만들어지기 시작했다. 예상대로 일부 로봇은 동식물에서 그 형상을 따왔다. 보스턴다이내믹스(Boston Dynamics) 사의 빅도그(BigDog)가 그 좋은 사례다. 빅도그는 금속 재질의 네 발 로봇으로, 장비를 휴대하고 있다. 여러 생물의 특징을 모아 만든 하이브리드형도 있다. 미 해군대학원에서 만든 감시 로봇은 날개와 다리도 달려 있다. 하지만 초기에 개발된 다른 시스템은 문자 그대로 아무 형식을 갖추지 않은 경우도 있다. 시카고대학과 아이로봇이 공동 개발한 켐봇(ChemBot)은 방울 모양의 로봇으로, 형태를 바꿀 수 있다. 심지어 외피에 구멍을 내어 그 구멍을 통해 물건을 붙잡기도 한다.

내부에 사람이 타지 않기 때문에 로봇은 다양한 크기로 만들 수 있다. 초소형 로봇의 크기는 밀리미터 단위고, 중량은 그램 단위다. 에어로바이런먼트에서 시가전용으로 만든 감시 로봇의 예를 들어보자. 벌새를 모방한 이 로봇은 크기도 벌새만 하며 벌새처럼 표적 상공에서 제자리비행이 가능하다. 다음 목표는 나노 스케일 로봇공학이다. 나노미터, 즉 10억 분의 1미터 단위로 크기를 재야 하는 로봇이다. 일부 과학자들은 앞으로 수십 년 안에 나노 로봇이 대중화될 것으로 보고 있다. 전투에서 나노 로봇은 적을 탐지하는 '스마트 먼지' 역할에서부터, 인간의 몸속으로 들어가 부상을 치료하거나 부상을 일으키는 용도로까지도 쓰일 것이다. 인간이 탑승할 필요가 없다면 반대로 아주 큰 로봇도 나올 수 있다. 록히드마틴의 고공 비행선이 그 좋은 예다. 이 무인 비행선은 풋볼 구장 크기의 레이더를 탑재하며, 한 번 이륙하면 1만 9,800미터 고도에 무려 1개월 이상 머무를 수 있다.

크기와 형상이 첫 번째 중요한 변화라면, 두 번째 중요한 변화는 이들 로봇이 전쟁에서 수행하는 역할의 증대다. 1차 세계대전에 쓰인 초기 항공기와 마찬가지로, 로봇 역시 처음에는 관측 및 정찰 임무만을 수행했다. 그러나 갈수록 더 많은 임무를 부여받고 있다. 탈론 무인기를 만든 기술 개발 기업 키네틱노스아메리카(QinetiQ North America)는 지난 2007년 MAARS 로봇을 만들었다. 이 로봇은 기관총과 유탄발사기를 장착하고 경비 및 저격 임무에 사용될 수 있다. 또한 미 육군 의학 연구 및 물자 사령부의 로보틱 익스트랙션 비클(Robotic Extraction Vehicle) 같은 의무병 로봇도 있다. 이 로봇은 부상병을 안전지대로 옮긴 다음 치료할 수 있다.

세 번째 중요한 변화는 로봇의 지능과 자율성이 갈수록 증대되고 있다는 것이다. 컴퓨팅 능력은 거침없이 증대되고 있다. 오늘날 입대한 병사들이 장기 복무를 마치고 제대할 때쯤이면, 지금의 10억 배나 되는 능력을 갖춘 컴퓨터가 장착된 로봇이 나올지도 모른다. 2차 세계대전에 쓰인 B-17과 B-24 폭격기는 나온 시기가 다르지만 지능과 자율성 면에서는 아무 차이도 없었다(둘 다 똑같이 지능도 자율성도 없었다). 그러나 최신 무기는 출시 시기에 따라 지능과 자율성이 달라진다. 예를 들어 프레데터 무인기 시리즈의 경우, 초기형은 인간이 일일이 원격조종을 해야 했다. 그러나 현재 출시되는 모델은 자율적으로 이착륙하며 한번에 최대 12개의 표적을 추적할 수 있다. 탑재된 표적 인식 소프트웨어는 특정 발자국이 어디에서부터 시작되었는지도 알 수 있다. 게다가 미군은 1995년부터 배치된 프레데터 무인기의 후속 기종을 도입한다는 계획을 이미 세우고 있다.

로봇의 지능과 자율성이 증대되면서, '로봇에게 과연 어떤 역할을 맡겨야 하는가?'라는 어려운 의문이 제기되었다. 여기에 답을 하려면 우선 로봇이 전장에 미치는 효용성을 따져봐야 할 것이다. 또한 로봇에게 역할을 분담시키는 것이 인간 지휘관에게 어떤 의미를 갖는지 생각하고, 로봇의 행위에 따르는 정치적·윤리적·법적인 광의의 책임도 고려해야 할 것이다. 가까운 미래에 전투용 로봇은 '인간 병사의 동료' 역할을 할 가능성이 가장 높다. 이 시나리오에서는 인간과 로봇이 혼성 부대를 이루어 함께 작전하고 서로의 영역에서 최선을 다한다. 인간 병사는 미식축구 경기의 쿼터백 역할을 맡아 로봇들에게 작전을 지시하며, 변화하는 전장 환경에 대처할 자율성 또한 부여할 것이다.

현실

물론 로봇의 배치 정도는 엄청나다. 그러나 이것만 봐서는 로봇공학이 지향하는 바, 그리고 로봇공학이 세계와 전쟁의 미래에 의미하는 바를 이해하기 어렵다. 로봇이 갖는 의미는 그 물리적 능력만 묘사해서는 완벽히 알 수 없다. 화약은 화학적으로 폭발을 일으켜 포탄과 탄환을 더욱 멀리 날려 보낼 수 있는데, 그것만 알아가지고는 화약의 중요성을 완벽히 이해했다고 보기 어려운 것과 마찬가지다.

로봇은 전쟁의 규칙을 바꾼 몇 안 되는 발명품 중 하나다. 일부 분석가들은 이 '혁명적' 기술이 그 발상지에 영구히 이득을 주리라고 생각하지만, 그것은 오산이다. 다른 나라 혹은 정치단체에서도 로봇 기술을 신속히 확보해 적용할 것이기 때문이다. 그보다 군용 로봇 기술은 전장뿐 아니라 전장을 둘러싼 사회적 구조에 매우 큰 여파를 미친다고 보는 것이 더 정확하다. 그 비슷한 사례로 장궁(longbow)을 들 수 있다. 장궁이 오늘날까지 기억되는 것은 백년전쟁의 아쟁쿠르 전투에서 영국군이 장궁을 사용해 프랑스군을 이겼기 때문이기도 하지만, 그보다는 장궁 덕분에 농노들이 단결하여 기사를 이기게 됨으로써 봉건주의를 무너뜨렸다는 데 그 이유가 있다.

1차 세계대전기는 여러모로 오늘날의 상황과 비슷하다. 그때도 불과 몇 년 전까지만 해도 공상과학소설에서나 볼 수 있던 신기하고 멋진 신기술들이 속

속 등장해 전쟁터에서 갈수록 더 많이 사용되었기 때문이다. 실제로 당시 영국 제1해군경이던 윈스턴 처칠은 웰스가 1903년에 발표한 단편소설 〈육상 철갑차(Land Ironclads)〉를 보고 영감을 받아 전차의 개발을 지시했다. 〈곰돌이 푸〉의 원작자 밀른의 또 다른 소설은 항공기를 전쟁에 사용하자는 발상을 담은 최초의 글 중 하나였다. 아서 코난 도일의 1914년작 단편소설 〈위험!(Danger!)〉과 쥘 베른의 1869년작 소설 《해저 2만 리》는 잠수함이 전쟁에 본격적으로 이용될 것을 예견했다. 처음 사용한 사람은 유리한 고지를 점하지만, 언제까지나 유지할 수 있는 것은 아니다. 한 예로 영국은 1차 세계대전 당시 전차를 발명해 실전에 투입했으나, 불과 20여 년 후 독일은 전차를 더욱 효율적으로 사용할 수 있는 전술인 전격전을 창안해 영국을 압도했다.

전차, 항공기, 잠수함의 등장은 매우 중요하다. 이 무기들의 등장으로 완전히 새로운 정치적·도덕적·법적 문제가 제기되었으며, 그럼으로써 전략의 극적 변화가 초래되었기 때문이다. 예를 들어 잠수함의 적법한 전투가 무엇인지에 대해 미국과 독일은 의견 차이를 보였다. 독일은 잠수함이 경고 없이 상선을 격침해도 된다고 생각한 반면, 미국은 그렇게 생각하지 않았다. 이는 미국을 1차 세계대전에 참전하게 한 원인이 되었다. 그리고 미국은 이 전쟁에 참전함으로써 초강대국의 자리에 오르게 되었다. 마찬가지로 항공기는 멀리 떨어져 있는 적을 정찰하고 공격하는 데 유용하다. 이런 항공기의 등장으로 민간인 거주 지역에 폭탄을 떨어뜨리는 것도 가능해졌으며, '후방'이라는 용어에 완전히 새로운 뜻이 부여되었다.

2-2

복잡해지는 상황

군용 로봇공학과 관련된 현 상황도 이와 크게 다르지 않다. 과거 '참전'이라는 말이 무슨 뜻을 가졌는가? 민주주의 국가의 경우 참전을 하려면 매우 큰 노력이 있어야 한다는 것이 오랜 상식이었다. 그 노력 중에는 국민의 아들딸의 목숨뿐 아니라 국가의 존립까지도 위태롭게 할 수 있는 전쟁이라는 큰 도박을 국민이 원하게끔 하는 여론 형성도 포함되었다. 하지만 원격조종이 가능한 무인 체계는 국민의 반전 여론을 약화시킨다. 안 그래도 미국인의 반전 여론은 1973년 징병제가 폐지되면서 약화되기 시작했지만 말이다.

인간 전투원과 전장 사이의 물리적 거리가 멀어지면, 전쟁을 시작하기도 쉬워질 뿐만 아니라 국민의 전쟁관도 바뀔 수 있다. 예를 들어 미국은 프레데터 무인기와 리퍼(Reaper) 무인기를 사용해 파키스탄 영토를 130여 차례 공습했다. 이는 불과 10년 전 코소보전쟁 개전 당시 미국이 유인 항공기를 이용해 벌인 공습 횟수의 세 배가 넘는다. 그러나 코소보전쟁 때와는 달리, 파키스탄에 대한 무인기 공습은 의회에서 일절 논쟁의 대상이 되지 않았으며 언론의 관심도 거의 받지 못했다. 미국은 고전적 관점의 전쟁을 수행하고는 있으되, 거기에 대한 국민적 숙의는 없었던 것이다. 사실 어떻게 보면 이 무력 분쟁은 전쟁으로 여겨지지도 않았다. 미국인 인명 피해가 없었기 때문이다. 그리고 무인기 공급은 어떤 의미로 볼 때 지극히 효율적이다. 이 무인기들은 알카에다, 탈레반 및 그들과 연합한 군벌 조직들의 간부 40명을 사살한 반면, 미국인은 단 한 생명도 위험에 노출시키지 않았다. 그러나 이러한 공습의 영향은 여러 가지 의문을 몰고 왔고, 그 답은 아직까지도 완벽히 나오지 않고 있다.

한 가지 의문은 이것이다. 이런 기술이 '사상의 전쟁', 즉 테러리스트의 모병 활동 및 선전전에 맞서 싸우는 데 무슨 소용이 있는가? 미국은 엄청나게 공을 들여 지극히 정밀한 전쟁을 치르려 노력하고 있다. 그러나 이러한 노력이 분노와 오해의 장막을 뚫고 지구 반대편에 과연 무슨 수로 알려질 수 있으며, 또 왜 알려져야 하는가? 미국의 대중매체는 무인기 기술에 대해 '정밀한', '희생 없는' 등의 수식어를 사용한다. 그러나 파키스탄의 유력 신문에서는 자국을 공습하는 미국을 가리켜 '파키스탄을 만만한 희생양으로 삼으려 하는 나라', '지독한 혐오의 대상'이라고 일컫는다. 무인기를 가리키는 영단어인 '드론'은 이제 우르두어에서도* 일상용어가 되어 버렸다. 그리고 미국이 명예롭지 못하게 싸운다며 비난하는 파키스탄 록 가사에도 '드론'이 언급된다. 일이 잘못되어 책임 소재를 따질 때 이러한 문제는 더욱 복잡해진다. 미국의 무인기 공습에 의한 민간인 인명 피해는 자료마다 다르지만 200~1,000명 내외다. 하지만 이 중 상당수는 가장 위험한 테러리스트 지도자가 있던 곳 주변에서 발생했다. 도대체 어디에 선을 그어야 할까?

*파키스탄과 인도의 공용어 가운데 하나.

2010년의 병사들에게도 '참전'이라는 말의 의미는 달라지고 있다. 과거에 '참전'이라는 말에는 살아서 집으로 돌아오지 못할 가능성이 항상 수반되었다. 아킬레우스와 오디세우스는 배를 타고 트로이와 싸우러 갔다. 필자의 할아버지도 진주만 공습 후 배를 타고 일본군과 싸우러 갔다. 하지만 지난 5,000년간의 전쟁 역사에서 입증된 이러한 진실도 원격조종 전쟁 앞에서는 거짓말이 된다. 갈수록 많은 병사가 아침에 일어나서 부대로 차를 타고 출근한 뒤 컴퓨터 앞에 앉아 로봇을 조종하며 1만 1,300킬로미터 떨어진 적 게릴라와 싸우는 식으로 전쟁을 하고 있다. 이들은 '전시'에도 일과가 끝나면 차를 타고 집으로 퇴근한다. 어느 미 공군 장교의 말에 따르면, 이런 병사들은 전투 종료 후 20분도 지나지 않아 자택의 식탁에 앉아 아이들과 이야기꽃을 피우며 식사를 할 수 있다. 이런 식의 전쟁을 하는 병사에게 제일 위험한 때는 전투를 하는 시간이 아니라 출퇴근하는 시간이다.

이렇듯 병사와 전쟁터가 단절되면, 전쟁을 하는 사람들의 인구학적 구성도 변하게 된다. 그리고 병사의 정체성 및 지위에 대한 문제도 생겨난다. 이런 식으로 전쟁을 하면 과거 고위 장교만 할 수 있던 일을 젊은 병사도 할 수 있게 되고, 기술자와 전사 사이의 구분이 모호해지기 때문이다. 또한 전투 스트레스와 전투 피로의 본질에 대해서도 새로운 문제가 제기될 것이다. 원격조종사들은 얼핏 비디오게임을 하는 것처럼 보인다. 하지만 그들 역시 매일같이 전투를 해야 하고, 전투 현장에 있는 병사들의 목숨이 자신들의 완벽한 임무 수행에 달려 있다는 데서 오는 심리적 부담을 안고 있다. 그들의 지휘관들은 이런 부대가 전투 현장에 나가던 기존의 부대와는 완전히 다른 성격의 문제를 안고 있다며, 어떤 때는 기존의 부대에 비해 훨씬 지휘하기가 어렵다고 말한다.

전투용 로봇의 파괴력과 기능이 발전할수록 그 지휘 체계에서 의사 결정을 하는 인간의 역할은 줄어들고 있다. 예컨대 전쟁이 너무 빨리 진행되어, 적의 로켓이나 미사일이 날아올 경우 이를 제시간에 요격할 수 있는 무기가 (〈스타워즈〉의 로봇 R2-D2에게 20밀리미터 기관포를 들려놓은 것처럼 생긴) C-RAM(Counter-Rocket Artillery and Mortar, 대 로켓, 야포, 박격포 방어체계)밖에 없을 수도 있다. 물론 C-RAM의 의사 결정 체계에는 인간도 포함되어 있다. 그러나 의사 결정을 주로 맡아 하는 것은 로봇의 프로그램이다. C-RAM을 실제 운용할 때 인간 조작사가 할 수 있는 일은 로봇의 결정을 기각하는 거부권 행사뿐이다. 그것조차도 0.5초 안에 이루어져야 한다. 그나마 로봇의 판단이 인간보다 더 낫다고 여겨질 경우에는 그럴 엄두도 내기 힘들다.

많은 사람은 이러한 추세 덕택에 전쟁터에서 실수를 저지를 확률이 낮아질 것이며, 국제 전쟁법도 마치 컴퓨터 프로세서에 입력된 소프트웨어 코드를 따르듯이 잘 지켜질 것이라고 주장한다. 하지만 이런 주장은 전장 환경의 복잡성을 모르고 하는 소리다. 무인 체계는 1킬로미터 밖에 서 있는 AK-47 소총을 가진 사람을 탐지할 수 있다. 그리고 소총의 열 특성을 탐지해, 소총이 얼마 전에 발사되었는지도 알 수 있다. 그러나 그 사람이 게릴라 대원인지, 연합군별 소속인지, 혹은 단순한 민간인 상인인지 알아맞히기는 인간 병사나 무인 체계나 똑같이 어렵다. 적어도 현재의 기술력으로는 말이다.

미국의 전 국방장관 도널드 럼스펠드를 비롯한 '디지털 전장'의 추종자들은 기술로 오래된 '전쟁의 안개'를 제거할 수 있을 거라 믿었지만, 그런 시대는 아직 오지 않았다. 한 예로 정밀 C-RAM 장비 역시 프로그래밍 오류로 미 육군 헬리콥터를 적으로 오인해 잘못 쏜 적이 있다. 다행히 이 건은 누구도 다치지 않고 끝났다. 그러나 2007년에 벌어진 비슷한 사건은 그렇게 되지 않았다. 남아프리카공화국에서 만든 비슷한 방공 무기 체계가 (해당 사건의 조사 보고서에 나오는 표현에 따르면) '사소한 소프트웨어 오류'로 오발 사고를 일으킨 것이다. 훈련 중 하늘로 쏘게 되어 있던 이 무기의 35밀리미터 기관포 포신이 갑자기 지면과 나란하게 내려오더니 360도로 회전하며 장탄된 포탄을 다 쏴 버렸다. 이 사고로 병사 아홉 명이 순직했다.

물론 이런 사건들은 엄청난 법적 문제를 몰고 온다. 책임자는 과연 누구로 해야 할 것인가? 이런 경우에 과연 어떤 법조항을 적용해야 할 것인가? 이러한 사건들은 기술이 사회규범보다 빠르게 발전함을 입증해준다. 20세기에 정해졌던 전쟁법을 새로운 현실에 대체 무슨 수로 적용할 수 있겠는가?

새로운 시작

전쟁의 수행 방식과 주체에 대한 정의와 이해는 큰 변화에 직면했다. 그 변화를 몰고 온 것은 엄청난 능력을 가진 혁신적인 신기술이다. 인류는 예전에도 이와 비슷한 상황을 겪어본 적이 있다. 인류는 신기술을 통합하고 이해하려 애쓴 끝에, 한때는 받아들일 수 없을 만큼 이상하던 것도 일상적인 것으로 받아들일 수 있게 되었다. 아마도 그 가장 좋은 사례는 1400년대에 있었던 사건일 것이다. 당시 어느 프랑스 귀족은 총기가 살인 도구일 뿐이며, 진정한 군인이라면 사용해서는 안 된다고 주장했다. 그는 이런 글을 남겼다. "총을 쓰는

자들은 비겁자들뿐이다. 그들은 자신이 죽이는 사람의 얼굴을 볼 용기조차 없기에 먼 거리에서 불쾌한 탄환을 쏘는 것이다."

그 이후로 인류는 '진보'했다. 그러나 총이 로봇공학으로 바뀐 점만 빼면 요즘도 크게 달라진 것이 없다. 세계를 바꿀 능력을 가진 기계로 초래되는 정치적 딜레마를 해결하기보다는 기술에 능통해지는 편이 더 쉬울 것이다. 사실 그 때문에 일부 과학자들은 로봇공학이 총이나 비행기 수준이 아닌, 원자폭탄 수준의 파급력을 가진 기술이라고 말하기도 한다. 우리는 엄청난 기술을 개발해 과학의 영역을 넓히고 있지만, 그 영역 밖에 도사린 아주 골치 아픈 문제들도 키워가고 있다. 결국 우리는 최초의 원자폭탄을 만든 설계사들처럼 로봇을 만든 것을 후회하게 될지도 모른다. 물론 1940년대의 원자폭탄 설계사들과 마찬가지로 오늘날의 로봇 개발자들 역시 자신들의 일을 계속할 것이다. 군사적으로 유용하고, 큰 이익을 가져오고, 첨단 과학이기 때문이다. 알베르트 아인슈타인은 이렇게 말했다던가. "우리가 뭘 했는지 알았더라면, 그 일을 '연구'라고 부르지 않았을 거야. 그렇지 않은가?"

한때 공상과학소설의 소재로나 쓰이던 전투 로봇은 이제 국방부 밖에서도 진지하게 논의되어야 할 문제가 되었다. 이는 부정할 수 없는 사실이다. 로봇의 문제는 로봇 산업 종사자들의 회의나 연구소, 전쟁터에서만 중요한 것이 아니다. 로봇을 어떻게 사용할 것인가는 이제 전 인류에게 중요한 문제가 되었다. 지난 5,000년간 전사(戰士)는 오직 인간뿐이었지만, 이제 그런 시대는 끝났기 때문이다.

2-3 군용 로봇은 IED 제거의 최선책인가?

래리 그리너마이어

아프가니스탄과 이라크에서 벌어지는 군 작전에서는 군인이나 민간인이 IED에 의해 사망하거나 장애를 입었다는 소식이 그야말로 하루도 빼놓지 않고 들려온다. NATO에 따르면, 이라크의 불안정한 남부 지방에서 2010년 11월 1일에 동맹군 두 명이 IED로 죽었다. 한편 2010년 10월 22일 위키리크스가 유출한 자료에 따르면, IED야말로 아프가니스탄에 주둔한 영국군과 미군을 가장 많이 죽이는 무기다. 전체 전사자의 절반 이상이 IED 때문에 발생하고 있다는 것이다.

그렇지 않아도 무인기를 정찰 및 공격에 많이 사용하던 미군은 IED를 막기 위해 폭탄 탐지 및 해체 로봇에 더욱 크게 의존하고 있다. 이로써 인간과 기계가 함께 사선을 넘나들며 다진 전우애는 갈수록 강해지고 깊어질 것이다.

JIEDDO(Joint Improvised Explosive Device Defeat Organization, 합동 IED 격퇴 기구)의 의장인 육군 중장 마이클 오츠(Michael Oates)가 2010년 10월에 발간한 보고서에 따르면, 2010년 1~10월 아프가니스탄 주둔 미군과 동맹국 군대는 무려 1만 500회나 길거리 폭탄 공격을 당했다. 이는 2009년의 8,994회, 2007년의 2,677회에 비해 크게 늘어난 수치다. 이 중 상당수가 IED 관련 공격이다.

IED 공격은 매우 성공적이었으므로 적은 앞으로 적어도 단기적으로는 이런 공격을 계속 구사할 것이다. 때문에 미군은 IED에 대한 새로운 해결책을 찾아야 한다. 아프가니스탄에 주둔한 미군은 아프가니스탄 병사들을 대상으로 1개월간의 폭발물 위험 제거(Explosive Hazard Reduction) 교육을 실시한다. 이 교육에서는 IED의 작동 원리, 위험성, 발견 기술 등을 가르친다. 오츠에 따르면, 동맹군은 2006년부터 2010년 말 사이 전 세계의 병사들에게 IED에 대해 교육하기 위해 약 20억 달러를 사용했다.

또한 대IED 로봇에도 많은 돈이 투자되고 있다. 2010년 10월 미시간 주 워런에 위치한 미 육군 TACOM 계약 본부는 팩봇 전술 기동 로봇의 로봇 지능 소프트웨어와 예비 부품 1,400만 달러어치를 주문했다. 팩봇은 매사추세츠 주 베드퍼드에 위치한 아이로봇의 제품이다. TACOM이 아이로봇에 이 같은 주문을 한 것은 이번으로 20번째다. 이 주문은 2억 8,600만 달러 규모의 '엑스봇(xBot)' 폭탄 탐지 로봇 구매 계약의 일환이다.

아이로봇의 최고업무책임자(COO)이며 전 미 해군 중장인 조셉 다이어(Joseph Dyer)에 따르면, 현재 미군과 20개 동맹국 군대에서 운용되는 아이로봇 제품은 3,500대가 넘는다. 《사이언티픽 아메리칸》은 현대전에서 로봇의 역할과 로봇 기술이 나아갈 바에 대해 다이어와 인터뷰했다.

[이하는 편집된 인터뷰 내용이다.]

ㅇ 과거 군대는 전투 상황에서 로봇에게 의존하기를 꺼렸으나, 근년 들어 그런 태도가 크게 바뀌었다. 그 이유는 무엇인가?

- 군이 로봇에 관심을 갖기 시작한 것은 1980년대 초반 RQ-2 파이오니어(Pioneer) UAV가 나오면서였다. [이 UAV는 오늘날 텍스트론시스템스(Textron Systems) 사에 합병된 AAI와 IAI(Israel Aerospace Industries, 이스라엘 항공우주 산업사)가 공동 개발했다.] 그러한 태도의 변화는 열렬하게까지는 아니더라도 받아들이기는 해야 한다. 무인기가 처음 나왔을 때 특권 의식에 물들어 있던 전투 조종사들은 반대했다. 인간 조종사가 할 수 있는 일을 무인기는 할 수 없다고 믿었기 때문이다. 무인 체계에 대한 그런 반감은 오늘날까지도 어느 정도 남아 있다. 그러나 전쟁의 현실은 변하고 있다. 조종사들이 무인기에 냉랭한 태도를 보이는 반면, 육군 병사들은 자신들이 하고 싶지 않은 일을 로봇은 할 수 있음을 깨닫고 있다. 육군의 임무는 적에게 매우 가까이 직접 접근해야 하는, 위험하고 더러운 일이다. 무인기 시장의 규모가 5억 달러가 되는 데는 20년이 걸렸지만 후발 시장인 무인 지상 체계 시장이 그만큼 성장하는 데는 10년밖에 안 걸렸다는 점을 생각해보라.

○ 이라크와 아프가니스탄의 전투가 과연 어떻기에 지상 기반 로봇의 수요가 생기는가?

- 그곳의 전투는 주로 시가전과 사막전이다. 그런 환경에서 병사와 위험 장소 사이의 거리를 벌려야 할 때는 언제나 로봇이 개입할 수 있다. 시가전은 훈련을 잘 받은 육군과 해병대도 매우 두려워한다. 그리고 비전투원에 대

한 부수 피해의 위험이 많은 환경이다.

○ 오늘날의 전투 상황에서 로봇은 보통 어떻게 쓰이는가?

- 군용으로 쓰이고 있는 아이로봇 제품 3,500대 중 대부분은 폭발물 제거(explosive ordnance disposal, EOD) 용도다. 병사들이 폭발물 발견 신고를 받거나 직접 IED를 발견한 경우에는 EOD 특기병들을 부르는데, 이들 특기병은 EOD 로봇의 도움을 받아 IED를 조사하고 처리한다. EOD 로봇은 IED를 촬영하여 폭발 위험 지대 밖에 있는 EOD 특기병들에게 동영상으로 전송할 수 있으며, IED를 직접 처리할 수도 있다. 이라크와 아프가니스탄에는 IED가 매우 많기 때문에 필요한 모든 곳에 EOD 특기병들을 보낼 수 없다. 그렇다면 EOD 교육을 받지 않은 병사들도 로봇을 사용해 IED를 식별하고 제거하여 도로를 개척해야 할 필요가 강하게 제기되는 것이다. 다음 단계의 로봇은 IED를 제거하고 도로를 개척할 뿐 아니라 보병 부대의 일원이 될 것이다.

○ 보병 부대의 일원이라는 말을 어떻게 받아들여야 하는가? 로봇의 군사적 이용 양상은 어떻게 변하고 있는가?

- 재미있는 이야기를 하나 들려주겠다. 조지아 주 포트베닝에서* 훈련을 하던 중에 있었던 일이다. 이곳에서는 로봇, 신형 UAV, 웨어러블 컴퓨

*보병 및 기갑 병과가 합동으로 훈련을 받는 기동 센터가 있는 곳.

터 등을 워 게임(war game)에서* 실험한다. 훈련 팀장이던 육군 대위가 이런 질문을 받았다. "만약 오늘 전투에 참가해야 한다면 여기 있는 제품 중 무엇을 가져가겠습니까?" 그러자 그는 아이로봇의 [감시, 정찰, 폭탄 처리 등에 사용되는] SUGV(small unmanned ground vehicle, 소형 무인 지상 차량)와 에어로바이런먼트의 레이븐 UAV를 가져가고 싶다고 말하며, 그 이유를 이렇게 설명했다. "전투에서는 상황 인식 능력이 필요합니다. 그것도 전지적 시점으로 매우 자세히요. 전투에서 적의 움직임을 미리 알 수 있다면, 부하 병사들의 생명을 구하고 임무를 성공으로 이끌 수 있습니다."

*모의 전투.

이제 막 시작된 전투용 로봇의 '다음 단계'는 자율성 확보다. 하지만 알고 보면 의외로 재미없을지도 모른다. 오늘날의 병사는 마치 비디오게임을 하듯이 조종간으로 로봇을 조종한다. 반면 다음 단계의 로봇은 약간의 자율성이 부여되어, 마치 크루즈 컨트롤 기능이 있는 차량처럼 부분적으로 주행 통제권을 얻게 될 것이다. 그렇게 되면 로봇을 조종하는 병사는 로봇의 일거수일투족을 다 제어할 필요가 없다. 이동할 때 특정 방향과 속도를 유지하라고만 하면 그만이다. 자율성은 로봇의 프로그래밍에도 적용될 수 있다. 예를 들어 병사들과의 통신이 끊기면 통신이 가능했던 마지막 장소로 '자율적으로' 되돌아오게끔 프로그래밍을 할 수 있는 것이다. 지금은 로봇과의 통신이 끊기면 사람이 로봇을 찾으러 나서야 한다. 그런 일을 기꺼이 하고 싶어 하는 병사는 별로 없다. 전쟁터에서 몸을 드러내기를 원한다면 애당초 로봇을 먼저 보낼 필요도 없을 테니 말이다. 로봇이 수행할 수 있는 임무는 조금씩이나마 계속 복잡해질 것이다. 그러면 언젠가는 로봇에게 '진짜 임무'를 프로그래밍할 수도 있을 것이다.

ㅇ 그 '진짜 임무'란 무엇인가?

- 오늘날은 로봇 한 대당 조종사 한 명이 필요하다. 하지만 한 명의 조종사가 다수의 로봇을 제어해 조화롭게 임무를 수행할 날이 다가오고 있다. 9·11 테러 당시 미 국회의사당에 탄저균이 투입되었던 것을 생각해보라. 사람들은 며칠 동안 사건 현장에 들어가지도 못했다. 하지만 이제는 로봇들이 있으니까 현장에 로봇을 보내 화학적·생물학적 실험을 실시하고, 건물 내 지도를 작성해 위험의 실체와 탄저균 위치를 알 수도 있다.

ㅇ 지상전의 요구에 맞추기 위해 로봇은 어떻게 변하고 있는가?

- 군용기와 군용 열기구를 생각해보자. 이것들이 맨 처음 맡은 역할은 전술 정찰이었다. 하지만 상황은 보면서 전혀 개입을 할 수 없다는 점이 불만스러워 무기 발사 능력을 부여했다. 로봇 역시 이러한 전철을 밟고 있다. 우리는 아직 로봇에게 공격 능력을 부여하지는 않았다. 그러나 언젠가는 무장한 지상전용 로봇을 보게 될 것이다.

2-3

ㅇ 무장 로봇은 전투 상황에서 적과 아군 모두에게 위험하지 않겠는가? 특히 고장 났을 때 말이다.

- 무장 로봇은 인명을 살상할 수 있기 때문에, 그 의사 결정 체계에는 인간이 반드시 포함되어야 한다는 것이 우리 아이로봇의 입장이다. 물론 상당수의 언론과 모든 영화 제작자는 우리 입장 따위는 무시하지만 말이다. 미군은 완전 자율형 살상 로봇을 보유할 것인가? 나는 그렇게 보지 않는다. 그리고 그런 로봇이 윤리적으로 옳다고도 여기지 않는다. 아무리 효율적이라 하더라도 기계에게 생사여탈권을 넘기는 것은 반대한다.

2-4 새로운 전사의 상징, 외골격

래리 그리너마이어

기술은 언제나 전쟁의 방식을 규정해왔다. 칼과 활의 등장에서부터 화약의 발명, 항공기의 등장, 그리고 이제는 레이저 유도 무인기와 폭탄 처리 로봇의 등장을 통해서 말이다. 미군은 앞으로 10년 안에 새로운 유형의 전사가 등장할 것으로 기대하고 있다. 외골격을 통해 더 빠른 속도와 강력한 힘, 지구력을 얻은 보병이 바로 그것이다.

이러한 '아이언맨'과도 같은 보병을 실현할 외골격 XOS2는 2010년 9월 유타 주 솔트레이크시티의 레이시언(Raytheon) 사 연구소의 시연에서 공개되었다. XOS2는 2008년 5월에 처음 공개된(마침 〈아이언맨〉이 개봉하던 시기여서 그만큼 더 유명해졌다) 선대 모델 XOS1에 비해 더 강하고, 더욱 자연스러운 동작이 가능하다.

무게 95킬로그램의 XOS2는 88킬로그램의 XOS1보다 40퍼센트나 더 강력하다. XOS1이 16킬로그램을 들 수 있는 데 반해 XOS2는 23킬로그램을 들 수 있기 때문이다.

그런데도 XOS2의 전력 사용량은 XOS1의 절반밖에 되지 않는다. 레이시언의 최종 목표는 전력 사용량이 XOS1의 20퍼센트에 지나지 않으면서도 동일한 임무를 수행할 수 있는 외골격을 만드는 것이다.

외골격의 전력 사용량이 감소할수록 실용성은 높아진다. XOS2의 동력원은 내연기관이다. 내연기관에 연결된 전선을 통해 XOS2의 전기 체계를 움직이는 식이다. 레이시언은 외골격에 배터리를 사용하지 않기로 결정했는데, 이 회사의 엔지니어들이 리튬이온 배터리가 착용자에게 안전하지 않다고 여겼기 때문이다.

엔진, 전선, 배터리는 이 외골격의 이동 범위를 제한할 수 있다. 마블코믹스의 아이언맨 역시 1963년에 처음 나왔을 때는 비슷한 문제를 안고 있었다. 레이시언의 엔지니어들은 XOS2의 야전 운용 시간을 늘리기 위해 내연기관과 고압 유압장치가 전력 소모에 미치는 영향을 평가 중이다. 레이시언은 더 좋은 내연기관을 만들 생각이 없다. 이미 그 부분에 대해서는 충분히 많은 개선의 노력을 쏟았기 때문이다. 이 회사는 외골격의 작동을 위해 유압 구성품 및 제어 전략을 개발했으며, 고압 유압유를 가장 효율적으로 사용하는 방법을 계속 모색할 것이다.

레이시언의 외골격은 2015년에 최초로 군납될 예정이다. 그때까지도 이 외골격은 내연기관에 전선으로 연결되어 있을 가능성이 높다. 그 전선을 떼어버린 모델은 그로부터 3~5년은 지나야 나올 것이다. 외골격의 첫 사용자는 전투 또는 보급 임무 중 무거운 물건을 들고 날라야 하는 병사들이 될 것이다.

이 외골격은 레이시언 산하 사르코스(Sarcos)의 스티븐 제이콥슨(Stephen Jacobsen) 연구팀에 의해 2000년부터 개발이 시작되었다. 2010년 9월 27일 레이시언이 공개한 동영상에서는 시험 엔지니어 렉스 제임슨(Rex Jameson)이 XOS2를 사용해 전혀 힘든 기색 없이 나무판을 자르고, 무거운 물건을 들어

올리고, 팔굽혀펴기를 하는 장면이 나온다.

군용, 산업용, 의료용 외골격의 개발 역사는 길다. XOS2는 그중 최신 모델일 뿐이다. 지난 2008년 일본의 사이버다인(CYBERDYNE) 사는 개발 중이던 이른바 HAL(Hybrid Assistive Limb, 혼합형 보조 사지)이라는 흰색의 멋진 외골격을 공개했다. HAL의 개발 목적은 인간 사지의 능력 증강, 부상당한 사지의 재정렬, 잃어버린 사지의 대용 등이다. 사이버다인이라는 이름은 영화 〈터미네이터〉에 나오는 '스카이넷'을 만든 가상의 회사 이름에서 따왔다. 이 회사는 자신들이 덴마크의 오덴세대학병원 재활센터와 HAL을 임상 실험에 투입하는 계약을 맺었다고 주장했다.

일본의 혼다(Honda Motor Company)와 미국의 매사추세츠공과대학(MIT) 미디어랩 생체공학연구단 역시 외골격 기술을 개발하고 있다.

2-5 첨단 방탄 소재

스티븐 애슐리

이라크전쟁의 진부하기까지 한 일상을 담은 동영상의 한 장면을 소개해본다. 전투 차량 호송대는 흙투성이 둑길을 정찰하고 있다. 갑자기 옆에서 대폭발이 일어나더니 매복해 있던 적이 공격해온다. 이라크 게릴라의 길거리 폭탄, 자살 공격, 기습 공격의 위력은 갈수록 꾸준히 강해져만 간다. 그러나 2006년 미군은 차량과 인원을 더 잘 보호할 수 있는 새로운 방탄 체계를 배치할 계획이다.

플로리다 주 잭슨빌에 위치한 보안 제품 제작사 아머홀딩스(Armor Holdings)의 최고기술경영자(CTO)인 토니 러셀(Tony Russell)은 이렇게 말한다. "갈수록 강력해지는 다양한 위협을 막아내기란 어렵습니다. 우리가 개발하는 체계들은 한자리에 여러 발 꽂히는 철갑탄은 물론, 폭발로 발생하는 파편과 충격파 역시 막아내야 합니다. 그리고 이 모든 것을 다 잘 막아낼 수 있는 단일 소재는 없습니다. 금속만으로도, 플라스틱만으로도, 세라믹만으로도 안 된다는 거죠." 게다가 방탄 장구는 가급적 가벼워야 한다. 때문에 여러 가지 소재를 동시에 사용해야 최상의 결과를 얻어낼 수 있다고 러셀은 지적한다.

최근 방탄 장구 개발에서 가장 덜 알려진 발전 사항은 바로 새로운 초고경도(ultrahigh-hardness, UHH)강의 개발이다. 이 합금은 현재 시판 중인 고탄소강보다 경도가 20퍼센트나 높다. 하지만 충격을 가했을 때 그만큼 잘 부러

지거나 금이 가기 쉽다. 러셀에 따르면, 아머홀딩스는 방탄용으로 최적화된 UH56강을 개발했는데 "철갑탄 탄두를 파열시킬 만큼 단단하면서도, 여러 번 충격을 가해도 금이 가지 않는다." UH56강은 다른 UHH강에 비해 성형하기도 쉽다. 이 UH56강은 미국의 여러 경장갑차량에 쓰이고 있다.

연구자들은 방탄유리용 투명 소재를 개량하는 데도 힘을 기울이고 있다. 보통 이런 소재는 적층 접합된 유리다. 데이튼대학연구소의 론 호프먼(Ron Hoffman)에 따르면, 새로운 위협이 나타날 때마다 적층하는 유리의 장수를 늘리는 방식으로 대응했다고 한다. 그러나 그럴 경우 차량의 무게가 무거워져 연비와 기동성에 악영향을 줄 수 있다.

유리를 대체할 유망한 해결책으로, 더욱 저렴하고도 효과적인 산질화 알루미늄(aluminum oxynitride, ALON)이 주목을 받고 있다. 업계와 미 육군 및 공군이 개발한 이 소재는 강도가 우수한 사파이어 같다. 호프먼에 따르면, ALON은 기존의 방탄유리에 비해 무게와 두께가 절반밖에 안 되는데도 더욱 우수한 철갑탄 방어력을 보여준다.

ALON은 벌써 몇 년 전부터 존재했다. 그러나 너무 비싸고 양도 적어 차량의 유리로 쓰기에는 어려웠다. 매사추세츠 주 벌링턴의 세라믹 제조기업 서메트(Surmet)의 엔지니어들은 ALON 분말의 가열 및 압축 같은 제작 방법을 개선하여 생산량을 늘리고 제작비도 크게 줄였다. 하지만 여전히 ALON의 제작비는 1제곱인치(6.45제곱센티미터)당 10~15달러 선이다. 같은 면적의 기존 군용 방탄유리 제작비가 3달러인 것을 감안하면 많이 비싸다.

2-5

방탄복 역시 곧 큰 발전이 있을 것이다. 구형 방탄복은 케블라를 비롯한 고강도 섬유로 만들어졌다. 현용 방탄복은 고강도 세라믹 방탄판이 삽입되어 있어 구형보다 방어력이 우수하지만 그만큼 더 크고 무겁다. 그러나 새로운 액체 방탄복 기술은 이러한 딜레마를 해결할 것이다.

델라웨어대학의 화학공학자인 노먼 와그너(Norman Wagner)에 따르면, 액체 방탄복은 "전단농화유체(shear-thickening fluid, STF)가 스며든 방탄 섬유"로 충격을 받으면 밀리초 이내로 단단해진다. 와그너 연구팀과 메릴랜드 주 애버딘 미 육군연구소의 에릭 웨첼(Eric Wetzel) 연구팀이 공동 개발한 점조화 액체는 실리카나 모래 등의 강한 나노 입자가 폴리에틸렌글리콜 등의 비휘발성 액체에 붙들려 있는 형태다. 이 액체로 방탄복의 중량은 고작 20퍼센트가 증가하지만, 고속탄에 대한 방어력은 크게 상승한다. 또한 피탄 시 충격에너지를 넓은 방탄 섬유로 확산해 충격에 의한 외상을 약화한다는 것이 와그너의 설명이다. 분명 오늘날의 이라크에 주둔한 연합군은 구할 수 있는 모든 방탄 장구를 원하고 있다.

2-6 전쟁의 안개

마크 앨퍼트

이라크 주둔 미군이 직면한 위협은 참 이해하기 어려운 것이다. 2003년 미군과 영국군이 이라크를 점령한 이래 이라크 게릴라는 열 추적 미사일로 헬리콥터를 격추하고, 호송대가 다니는 길을 길거리 폭탄으로 폭파하고, 미군 기지에 박격포 사격을 가했다. 그러나 가장 짜증스러운 점은 적이 보이지 않는다는 것이다. 게릴라는 미군이 반격하기도 전에 사라져버리기 때문이다.

미 국방부의 연구개발 부서인 DARPA(국방 고등연구 기획국)는 첨단 기술로 일선의 병사들을 지원하려 하고 있다. DARPA는 적 저격수와 박격포 사수의 위치를 신속히 알아낼 수 있는 실험적 시스템의 배치를 추진하고 있는데, 그 중 가장 놀라운 사례는 지상 배치 이산화탄소 레이저다. 이 레이저는 총탄의 충격파로 공기 속 흙먼지가 움직이는 것을 측정해 적 저격수의 위치를 잡아낸다. DARPA 국장 앤서니 테더(Anthony J. Tether)가 2003년 가을에 밝힌 바에 따르면, 유효 탐지 거리가 10킬로미터에 달한다는 이 대저격수 레이저는 2004년에 이라크에 배치될 것이다.

캘리포니아 주 샌타바버라에 위치한 방위산업체 미션리서치코퍼레이션(Mission Research Corporation)이 개발한 이 시스템은 도플러 라이더(Doppler lidar)를 사용한다. 도플러 라이더는 움직이는 물체의 속도를 측정할 수 있다. 고속도로에서 자동차의 속도를 측정하는 레이더 건과 비슷한 원리다. 레이저의 파장은 공기 중 먼지 입자의 직경(약 1~10미크론)과 비슷하기 때문에, 레이저의 일부는 먼지를 만나면 산란된다. 먼지 입자가 레이저 쪽으로 움직이는 경우에는 산란된 빛의 주파수가 높아지고, 먼지 입자가 레이저에서 멀어지는 경우에는 산란된 빛의 주파수가 낮아진다. 도플러 라이더는 돌아오는 신호를 분석하여 바람의 속도를 알아낼 수 있다. 이러한 시스템은 이미 대기를 연구하거나, 공항에서 돌풍과 난기류를 탐지하는 데 사용되고 있다.

그러나 일부 국방 분석가들은 이런 기기가 총탄을 추적할 수 있다는 데 회의적이다. 충격파는 매우 작은 범위에서, 그것도 순식간에 발생했다가 사라진다. 때문에 대기의 흔들림을 감지하여 총탄의 궤적을 알아내려면, 이 시스템은 하늘 전체를 레이저 빔으로 뒤덮어야 한다. 또 다른 문제는 적 저격수의 사격과 아군의 사격, (바그다드를 비롯한 이라크 여러 도시에서 흔한 풍습인) 민간인의 축하 사격을 무슨 수로 구별하느냐는 것이다. 클린턴 행정부 당시 국방부 시험평가부장을 역임한 필립 코일(Philip E. Coyle)은 이렇게 말한다. "정확한 결과를 산출해내는 신뢰성 높은 시스템이 있어야 병사들에게 반격을 지시할 수 있습니다."

물론 군대가 전쟁터에 실험용 시제품을 배치하는 것은 드문 일이지만, DARPA 대변인 잰 워커(Jan Walker)에 따르면 전례가 없는 일도 아니다. 예를 들어 공중 감시 체계 JSTARS는 1996년 보스니아에, 글로벌호크 무인 정찰기는 2001년 아프가니스탄에 투입되었다. 하지만 이런 첨단 군사 기술의 성공률은 결코 대단하지 않다. 1990년대에 걸쳐 현장 실험에 투입된 육군 시스템

중 절대다수는 군에서 요구하는 신뢰성 수준의 절반에도 못 미쳤다. 그리고 공군이 벌인 실험 대부분도 시스템이 준비되지 않았다는 이유로 중지되었다.

워커에 따르면, 국방부는 대저격수 레이저가 이라크 주둔 병사들에게 도움이 될 거라고 자신한다. 그러나 현재 워싱턴 D.C.의 싱크탱크인 국방정보본부(Center for Defense Information)의 선임 자문으로 일하는 코일은 덜 긍정적이다. 그는 이렇게 말한다. "그런 물건들이 효과가 있는지 확인해서 나쁠 것은 없죠. 그러나 그런 물건들은 효과가 없는 경우가 많더군요."

3

사이버 전쟁

3-1 디지털 위협

찰스 초이

마이크로칩이 갈수록 작아지고 강력해지면서, 문자 그대로 세상의 모든 구석에 마이크로칩이 안 들어가는 곳이 없게 되었다. 마이크로칩은 스마트폰이나 의료 기기는 물론이거니와 철도, 전력망, 상하수도 처리 제어 기기에도 쓰인다. 컴퓨터 보안 전문가들은 이런 마이크로칩들이 적의 공격에 매우 취약하다고 경고한다. 마이크로칩은 다른 컴퓨터와의 네트워크를 갈수록 강화하고 있는 데다가, 이 칩에 들어 있는 펌웨어와 프로그램들을 방어할 방법이 사실상 없기 때문이다. 2012년 10월, 이란이 배후에 있을 것으로 믿어지는 네트워크 공격이 벌어지자, 당시 미 국방장관 레온 파네타(Leon Panetta)는 '사이버 진주만 공격'이 임박했을지도 모른다며 경고했다.

보안 전문가들은 펌웨어를 당연하게 여긴다고, 비영리기구 CCU(Cyber Consequences Unit)의 대표인 스콧 보그(Scott Borg)는 말한다. 소프트웨어와는 달리, 오랜 시간 동안 변함없이 작동하도록 설계되었기 때문이라는 것이다. 그러나 그는 이 점을 지적한다. "하지만 이들 프로그램을 구현하는 회로는 상당한 재작성이 가능하도록 설계되었습니다. 즉 사이버 공격자들에 의해 개조될 수 있다는 말입니다."

엔지니어들은 이러한 마이크로칩을 지키기 위해 노력 중이다. 어느 컴퓨터 보안 학회에서 2012년 7월 발표된 방법 중에는 침입 흔적을 찾기 위해 펌웨어 코드를 무작위로 스캔하는 프로그램을 쓰는 것도 있었다. 개발자인 컬럼비아대학의 앙 쿠이(Ang Cui)와 살 스톨포(Sal Stolfo)는 자신들이 만든 이 '심비오트(symbiote)'가 어떤 펌웨어와도 호환이 가능하며 컴퓨터의 연산 속도를 저하시키지 않는다고 말했다. 쿠이에 따르면, 심비오트는 예전에 그 누구도 알아채지 못했던 멀웨어를 탐지할 수 있으며 인터넷 전쟁의 새 장을 열어줄 것이다.

보그는 스톨포와 쿠이의 방식이 매우 유망하다고 말했다. 시만텍연구소 상무이사인 마크 다시어(Marc Dacier)는 보안 체계의 가장 큰 장애물이 바로 기업의 적용 의지 여부라고 주장했다. 미 국방부는 사이버 보안 문제에 대해 민간이 정부와 협력하도록 하는 법안을 추진 중이다. 파네타는 2012년 10월의 연설에서, 이런 법안이 생기지 않는다면 현재와 마찬가지로 앞으로도 미국은 계속 사이버 공격에 취약한 상태로 남을 것이라고 말했다.

3-2 전력망을 해킹하라

데이비드 니콜

지난 2010년, 엄중한 보안 상태를 유지하던 이란의 핵 농축 시설에 컴퓨터 바이러스가 침입해 문제를 일으켰다. 대부분의 바이러스는 아무 생각 없이 증식하지만, 이번 스턱스넷 바이러스는 인터넷에 연결되지도 않은 표적을 정확히 공격했다. 의심받지 않던 기술자가 스턱스넷이 심어진 USB 스틱을 핵 농축 시설의 컴퓨터에 끼웠던 것이다. 이렇게 침입한 바이러스는 수개월 동안 잠복한 채 퍼져나가면서, 매우 평범한 기계들을 제어하는 컴퓨터를 찾았다. 평범한 기계란 산업계의 톱니바퀴라고 할 수 있는 밸브, 기어, 모터, 스위치 등이었고, 그 기계들을 제어하는 컴퓨터는 프로그램 가능 논리 제어장치(programmable logic controller, PLC)였다. 프로그램 가능 논리 제어장치란 특정한 목적을 위해 모아놓은 마이크로 전자장치들의 집합체다. 목표를 발견한 스턱스넷은 목표 속으로 몰래 침입해 통제권을 빼앗았다.

목표가 된 제어장치는 원심분리기에 연결되어 있었다. 그 원심분리기야말로 이란이 핵무장국으로 나아가는 데 필수품이었다. 우라늄 원석을 핵병기용 고농축 우라늄으로 전환시키려면 원심분리기 수천 대가 있어야 한다. 정상적인 운영 조건에서 이들 원심분리기는 엄청 빠르게 돈다. 바깥 부분의 속도가 아음속에 달할 정도다.

스턱스넷은 이 속도를 더욱더 높여 시속 1,600킬로미터 근처까지 높였다.

*발전기 등의 회전 기계에서 회전하는 부분을 일컬으며, 회전자라고도 한다.

로터(rotor)의* 내구 한계를 뛰어넘은 속도였다. 결국 원심분리기의 로터는 망가지고 말았다. 이상이 과학 및 국제보안 연구소(Institute for Science and International Security)가 2010년 12월 발표한 보고서의 내용이다. 또한 스턱스넷은 모든 것이 정상인 듯 보이게끔 제어 체계에 가짜 신호를 보냈다. 이란의 핵 프로그램이 과연 얼마만한 타격을 입었는지는 분명하지 않다. 그러나 이 보고서에 따르면, 이란은 2009년 말부터 2010년 초까지 나탄즈 농축 시설의 원심분리기 약 1,000개를 교체해야 했다.

이 사례를 통해 일반적인 산업용 기계가 사이버 공격에 대단히 취약하다는 사실이 드러났다. 컴퓨터 바이러스는 안전하다는 장비 내에서도 수개월 동안이나 탐지를 피해 잠복하다가 목표를 정확히 정해 파괴할 수 있다. 유사한 기술을 전 세계의 주요 민간 인프라에 사용하려는 악당 국가와 테러리스트 단체의 범죄 교과서가 되었음은 물론이다.

유감스럽게도 전력망은 핵 농축 시설보다도 더 뚫기 쉽다. 사람들은 흔히 전력망을 하나의 거대한 회로로 생각한다. 그러나 알고 보면 서로 수백 킬로미터의 거리를 두고 지극히 조화롭게 움직이는 수천 가지 구성품의 집합체다. 전력 공급량은 수요에 맞춰 엄격히 조절된다. 발전기는 매우 엄밀한 임무 조정에 따라 60헤르츠로 전력을 생산해내야 하며, 전력망의 나머지 부분들 역시 그에 따라 움직여야 한다. 전력망을 이루는 이들 구성품 중 한두 가지 정도가 제대로 작동하지 않는다고 해도 광대한 전력망에 끼치는 피해는 미미하다.

하지만 잘 조직된 사이버 공격이 전력망의 여러 곳을 동시에 공격해 피해를 입힐 경우 미국의 발전 및 송전 능력은 큰 타격을 입을 것이고, 완전 복구에는 몇 주 내지 몇 개월까지도 걸릴 수 있다.

전력망의 규모와 복잡성을 감안한다면, 협조 공격에는 상당한 시간과 노력이 들어갈 것이다. 스턱스넷은 아마도 오늘날 볼 수 있는 가장 발전된 컴퓨터 바이러스일 것이다. 그래서 이스라엘 또는 미국의 정보기관, 아니면 양국 정보기관이 합작해 스턱스넷을 만들었을지도 모른다는 의혹이 제기된다. 하지만 스턱스넷의 코드는 이제 인터넷에서도 볼 수 있다. 따라서 악당들이 스턱스넷을 개량한 후 새로운 표적을 공격하는 데 사용할 가능성도 높아졌다. 알카에다처럼 첨단 기술을 덜 가진 조직에는 전력망에 큰 타격을 입힐 수 있는 전문가가 아마 지금 당장은 없을 것이다. 그러나 중국이나 구소련 출신 해커를 영입한다면 얘기는 달라진다. 이제 미국의 전력망은 더 이상 안전하지 않다.

침입

지난 2010년 필자는 전력망에 대한 모의 공격 훈련에 참가했다. 훈련 참가자들 중에는 전력 회사, 미 정부, 미군의 대표자들이 있었다. 군 기지 역시 민간 전력망에서 전력을 공급받으며, 미 국방부는 그 사실을 간과하지 않고 있다. 훈련 시나리오에서 가상의 적은 다수의 변전소를 해킹해, 전류가 긴 고압선을 따라 흐르는 동안 전압을 일정하게 유지해주는 고가의 전용 장비들을 무력화시켰다. 훈련이 종료되자 무력화된 장비는 5~6개에 이르렀고, 미 서부 전체가 몇 주 동안 전력난에 시달리게 된다는 결과가 나왔다.

컴퓨터는 전력망의 모든 단계에 있는 기계 장치들을 제어한다. 화석연료나 우라늄으로 작동되는 대형 발전기에서부터 동네 송전선까지 모두 컴퓨터로 제어된다. 이런 컴퓨터들 대부분은 윈도나 리눅스 등의 공용 운영체제를 사용한다. 때문에 일반인들의 데스크톱 PC만큼이나 멀웨어 공격에 취약하다. 스턱스넷 같은 공격 코드가 큰 효과를 볼 수 있었던 중요한 이유는 세 가지다. 첫 번째, 이런 운영체제는 적법한 것으로 보이는 소프트웨어는 대놓고 신뢰한다. 두 번째, 이런 운영체제는 결함을 가지고 있어 악의적인 프로그램의 침투가 가능하다. 세 번째, 산업용 설정을 해놓으면 기존의 방어 체계를 사용할 수 없는 경우가 많다.

이 모든 것을 알면서도 일반적인 제어 체계 엔지니어들은 멀리서 보내오는 멀웨어가 주요 제어장치에 접근할 가능성을 무시하고 있다. 이런 제어장치들은 인터넷에 직접 연결되어 있지 않다는 것을 그 이유로 내세우면서 말이다. 하지만 스턱스넷의 사례에서 보듯이, 그 무엇에도 연결되어 있지 않은 제어 네트워크조차 약점을 노출하고 말았다. 이 사건에서처럼, 멀웨어는 USB 스틱에 담겨 반입되어 기술자가 이 스틱을 제어 체계에 연결할 수 있다. 매우 중요한 전자회로일 경우, 사소한 빈틈만 있어도 열성적인 적을 끌어들일 수 있다.

변전소의 경우로 돌아가자. 변전소는 발전소를 떠난 전기가 각 가정으로 가기 위해 들르는 곳이다. 변전소는 발전소에서 들어오는 고압 전류의 전압을 낮춘 다음 이를 다수의 출력 전선을 통해 해당 지역에 배전해준다. 이 출력 전선에는 회로 차단기가 하나씩 붙어 있어, 만약의 경우 전류를 차단한다. 만약 출력 전선 하나의 회로 차단기가 작동하면, 그 전선에 들어갈 예정이던 전력은 나머지 출력 전선들에 모두 배분된다. 그렇다면 모든 출력 전선이 한계 용량에 근접하는 전력을 나르고 있을 때 사이버 공격으로 출력 전선 절반의 회로 차단기가 작동된다고 생각해보자. 그럴 경우 회로 차단기가 작동되지 않은 전선들이 한계 용량을 초과하는 전력을 공급받게 되는 것이다.

이들 회로 차단기를 제어해오던 것은 기술자들이 접속하기 쉽도록 전화 모뎀에 연결된 기기였다. 접속에 필요한 번호를 알아내기란 어렵지 않다. 해커들은 교환국을 거치지 않고 모든 전화번호로 다 전화를 건 다음 모뎀이 반응하는 전화번호를 알아내는 프로그램을 무려 30년 전에 만들었기 때문이다. 변전소의 모뎀은 전화가 걸려왔을 때 자신의 기능을 나타내는 특이한 메시지를 내보내는 것이 많다. 게다가 인증 수단까지 빈약하면(비밀번호가 너무 뻔하거나 아예 없는 경우) 공격자가 이 모뎀들을 통해 변전소 네트워크로 침투할 수 있다. 그러면 기기 설정을 바꿔 위험한 상황을 만들 수도 있다. 그런 상황에서 평상시 같으면 장비를 보호하기 위해 회로 차단기가 작동되겠지만, 여기서는 회로 차단기가 작동되지 못하게 할 수 있다.

새로운 시스템이라고 해서 모뎀보다 보안상 반드시 나으리라는 보장은 없다. 변전소에 배치되는 새로운 기기들은 저출력 무선 기기를 사용해 다른 기기들과 통신하는 경우가 많은데, 이런 무선 기기에서 나오는 전파는 변전소 밖으로도 나간다. 그럴 경우 공격자는 컴퓨터를 가지고 변전소 인근의 숲 속에 숨어서 네트워크로 침투할 수 있다. 암호화된 Wi-Fi 네트워크는 보안성이 더 높다. 그러나 실력이 뛰어난 공격자라면 기존의 소프트웨어 도구를 사용해 암호를 해제할 수 있다. 이제 공격자는 중간자 공격을 실시할 수 있다. 두 정당한 기기 사이의 통신이 공격자의 컴퓨터를 통과하게 하거나, 다른 기기가 공격자의 컴퓨터를 정당한 기기로 인식하도록 속이는 것이다. 그러면 악의적인 제어 메시지를 보내 회로 차단기의 제어권을 빼앗을 수 있다. 그리고 엄선한 소수의 회로 차단기를 작동시켜 나머지 출력 전선을 과부하 상태로 만들거나, 아니면 비상시에도 회로 차단기가 작동하지 못하게 할 수 있다.

뒷문으로 들어온 침입자 또는 멀웨어는 보통 가급적 널리 퍼지는 것부터 시작한다. 스턱스넷은 잘 알려진 전략을 다시 보여주었다. 스턱스넷은 이른바 autoexec라는 운영체제 메커니즘을 사용해 확산되었다. 윈도 컴퓨터는 새로운 사용자가 로그인할 때마다 AUTOEXEC.BAT라는 이름이 붙은 파일을 읽고 실행한다. 보통 이 프로그램은 프린터 드라이버를 찾고 바이러스를 검색하는 등 기본 기능을 실행한다. 그러나 윈도는 올바른 이름을 가진 프로그램은 믿을 수 있는 코드로 간주한다. 따라서 해커들은 AUTOEXEC.BAT 파일을 변조해 공격자의 코드를 실행하도록 하는 방법을 알아냈다.

공격자들은 전력 업계의 경제학을 악용하는 지능적 방법을 쓸 수도 있다. 규제 완화 때문에 경쟁 전력 회사들은 전력망 운영 책임을 나눠 지고 있다. 온라인 입찰로 따낸 계약에 의거해 전력을 생산하고 송전하며 배전한다. 이러한 시장은 저마다의 시간 척도에 맞춰 움직인다. 어떤 전력 시장은 전력의 즉시 공급을 목표로 움직일 것이고, 또 다른 시장은 내일의 전력 수요에 따라 움직일 것이다. 전력 회사의 경영 부서는 현장 부서에서 온 정보를 실시간으로 받아 보고 정확한 판단을 내릴 수 있어야 한다. (그 반대도 마찬가지다. 현장 부서는 경영 부서의 지시에 따라 자신들이 생산해야 하는 전력량을 정확히 알아야 한다.) 바로 여기에 약점이 숨어 있다. 야심에 찬 해커라면 전력 회사 내부의 경영 네트워크로 침입할 것이다. 그런 다음 사용자 이름과 비밀번호를 수집한 후, 이렇게 훔친 신분으로 현장 네트워크에 접속할 것이다.

파일에 내장된 작은 프로그램인 스크립트를 이용해 확산되는 공격도 가능하다. 스크립트는 어디에나 있다. 하나만 예를 들더라도, PDF 파일은 파일 표시를 돕는 스크립트를 지닌다. 하지만 이것이 잠재적 위험이 될 수 있다. 최근 어느 컴퓨터 보안 업체의 추측에 따르면, 모든 표적 공격 가운데 60퍼센트 이상은 PDF 파일에 들어 있는 스크립트를 사용한다. 오염된 파일을 읽기만 해도 공격자가 컴퓨터 안으로 침입할 수 있다는 것이다.

가상의 사례이기는 하지만, 전력망을 공격하려는 자가 전력 회사에 소프트웨어를 납품하는 협력 업체의 웹사이트에 먼저 침투해, 거기 올라 있던 온라인 소프트웨어 설명서를 겉보기에는 진짜와 전혀 차이가 없는 악의적인 설명서로 바꿔놓는 경우도 생각해볼 수 있다. 그다음에는 발전소의 엔지니어에게 가짜 이메일을 보내, 이 악의적인 설명서를 다운로드해 열게 한다. 인터넷에 접속하여 악의적인 설명서를 다운로드하고 사용하는 순간, 트로이의 목마를 발전소 안으로 들여보낸 거나 다름없다. 그 순간부터 공격은 시작된 것이다.

탐색과 격멸

제어 네트워크에 침입한 자는 매우 파괴적인 결과를 초래하는 명령을 내릴 수 있다. 지난 2007년 미 국토안보부는 아이다호국립연구소(Idaho National Laboratory)를 표적으로 오로라(Aurora)라는 암호명의 가상 사이버 공격을 실시했다. 이 공격에서 해커 역할을 맡은 연구원은 중간형 발전기에 연결된 네트워크로 침입을 시도했다. 다른 모든 발전기와 마찬가지로 이 발전기 역시 60헤르츠의 교류전류를 만들어낸다. 매 진동마다 전자는 한 방향으로 움직이다가 방향을 180도 전환해 원위치로 돌아간다. 발전기는 전자를 나머지 전력망 전체와 같은 시기에 같은 방향으로 움직여야 한다.

오로라 가상 공격에서 해커는 연구소의 표적 발전기에 달린 회로 차단기를 빠르고 연속적으로 켰다 껐다를 반복했다. 이로써 발전기는 전력망의 발진 상태에 보조를 맞출 수 없게 되었다. 전력망이 한쪽으로 전자를 밀어내면, 발전기는 반대편으로 밀어내는 식이었다. 발전기의 기계적 관성이 전력망의 전자적 관성과 충돌하는 것이다. 결국 발전기는 기능을 상실하고 말았다. 기밀 해제된 당시의 영상을 보면, 철로 된 거대한 기계가 마치 건물을 들이받은 열차처럼 마구 흔들리더니 몇 초 후 증기와 연기를 뿜어내 온 방을 채웠다.

산업용 시스템들도 한계를 뛰어넘는 운용을 강요받을 경우 고장이 날 수 있다. 예를 들어 원심분리기도 제한 속도 이상으로 빨리 돌 경우 분해되어버리고 만다. 공격자는 이 원리를 이용해 송전선이 견딜 수 없을 만큼 큰 전력을 생산하라는 명령을 발전기에 내릴 수 있다. 과도한 전력은 열이 되어 빠져나

갈 수밖에 없다. 때문에 과도한 전력이 너무 오래 가해지면 송전선은 처지다가 결국 녹아버리게 된다. 게다가 처진 전선이 나무나 간판, 집 같은 장애물에 닿으면? 대규모 합선이 일어난다.

보통은 보호계전기가 합선을 막아준다. 그러나 사이버 공격은 보호계전기의 작동에도 간섭해 피해를 확실히 입힐 수 있다. 게다가 사이버 공격은 통제소로 들어가는 정보를 변조할 수도 있다. 이때 통제사들은 뭔가 잘못되었다는 사실을 절대 모르게 된다. 영화에서도 많이 나오지 않는가? 도둑들이 가짜 동영상 피드로 경비원들을 속이는 장면 말이다.

통제소 역시 공격에 취약하다. 통제소에는 영화 〈닥터 스트레인지러브〉에 나오는 기밀실처럼 거대한 디스플레이가 있는 지휘 통제실들이 있다. 통제소의 통제사들은 이 디스플레이들을 사용해 변전소에서 보내온 데이터를 확인하고, 변전소 제어 설정을 변경하라는 명령을 내린다. 한 주의 상당 부분에 분포되어 있는 수백 개의 변전소를 제어하는 통제소도 있다.

통제소와 변전소 사이의 데이터 통신에 사용하는 특수 프로토콜도 약점은 있다. 침입자가 중간자 공격에 성공할 경우, 교환기에 가짜 메시지를 끼워 넣거나 기존의 메시지를 오염시키는 방법으로 통제소 또는 변전소, 아니면 두 곳 컴퓨터의 기능을 모두 마비시킬 수 있다. 공격자는 적절히 포맷된 맥락 없는 메시지를 넣을 수도 있다. 이런 메시지는 기계에 무리를 유발하는 디지털 명령어다. 더 간단한 방법도 있다. 통제소와 변전소 사이의 메시지 전달 속도를 늦추면 된다. 보통 변전소에서 전류량을 측정하는 데부터 통제소에서 그

데이터를 받아 전류량을 조정하는 데까지 걸리는 시간은 가급적 짧아야 한다. 그렇지 않으면? 반응 시간이 10초나 걸리는 사람이 자동차를 몰면 어떻게 될지 생각해보면 쉽게 알 것이다. (이런 유의 상황 인식 부재는 2003년 발생한 미국 동북부 정전의 한 원인이 되었다.)

이런 공격 중 상당수는 스턱스넷 같은 멋진 소프트웨어 없이 해커들의 표준적인 장비만 있어도 실행 가능하다. 가령 해커들은 수천, 심지어 수백만 대의 일반 PC들을 연결하는 네트워크의 통제권을 가로채 자신들이 원하는 대로 PC들을 움직이게 한다. 이것이 봇넷(botnet) 공격이다. 이런 지극히 간단한 공격은 평범한 웹사이트에 가짜 메시지를 잔뜩 채워 정상적인 정보 흐름을 느리게 하거나 차단한다. '서비스 거부' 공격으로도 불리는 이러한 공격은 통제소와 변전소 사이의 정보 트래픽 속도를 느리게 하고 싶을 때도 쓰일 수 있다.

봇넷 공격은 변전소 컴퓨터에 직접 가해질 수도 있다. 지난 2009년 컨피커(Conficker) 봇넷 공격은 무려 1,000만 대의 컴퓨터를 조종했다. 그 범인이 누군지는 아직 밝혀지지 않았다. 그러나 범인들은 네트워크에 연결된 모든 컴퓨터의 하드 드라이브를 지워버릴 것을 명령했다. 컨피커 같은 봇넷이 여러 변전소에 침투하면 언제 어느 때든지 원하는 명령을 해당된 모든 변전소에 동시에 보낼 수 있다. 지난 2004년 펜실베이니아대학과 콜로라도 주 골든에 위치한 미국 재생에너지연구소(National Renewable Energy Laboratory)가 공동으로 수행한 연구에 따르면, 미국 전체 변전소 중 엄선한 2퍼센트, 즉 200곳의 변전소에만 사이버 공격이 가해진다고 해도 전력망의 60퍼센트가 무력화된다는 결과가 나왔다. 미 전국에 정전 사태를 일으키려면 800곳의 변전소만 공격해도 충분하다.

무엇을 해야 하나

마이크로소프트는 자사의 윈도 소프트웨어의 보안성을 향상시켜야 한다고 생각할 때 보통 소프트웨어 패치를 출시한다. 전 세계의 사용자와 기업 IT 부서에서는 이러한 패치들을 다운로드해 소프트웨어를 업데이트하고 위험으로부터 스스로를 보호한다. 그러나 유감스럽게도 전력망에서는 이런 간단한 방법이 통하지 않는다.

전력망이 어디서나 구할 수 있는 기성품 하드웨어 및 소프트웨어를 사용하더라도, 버그가 출현했을 때 발전소의 IT 관리자들은 문제가 되는 소프트웨어를 패치하는 것만으로는 일이 끝나지 않는다. 전력망 제어 시스템을 정비·점검한답시고 일주일에 세 시간씩 놀려둘 수는 없기 때문이다. 전력망은 쉴 새 없이 돌아가야 한다. 또한 전력망 통제사들은 매우 뿌리 깊은 '보수주의자'들이다. 제어 네트워크는 아주 오래전부터 있어왔던 것이고, 통제사들은 그 오래된 작동 방식에 매우 익숙하다. 그들은 편의성을 해치거나 일상적인 운용에 방해가 될 만한 것은 기피하는 경향이 있다.

분명히 현존하는 사이버 공격 위협에 맞서고자, 전력망 운영자들의 대표 기관인 북미전력신뢰도기구(North American Electric Reliability Corporation, NERC)는 주요 인프라를 지키기 위한 기준을 작성했다. 전력 회사들은 자신들의 주요 자산이 무엇인지 파악한 후, NERC가 선임한 감사관들에게 이 자산들을 무단 접속자로부터 방어할 능력이 있음을 보여주어야 한다.

그러나 보안 감사는 재무 감사처럼 극도로 철저하지 못하다. 기술적 부분만 보는 감사는 매우 선별적으로 진행된다. 합격 또는 불합격 여부를 판정하는 것은 오로지 감사관의 소관이다.

가장 흔한 방어 전략은 전자 보안 경계선을 쓰는 것이다. 사이버 보안의 마지노선이라 할 수 있다. 방어의 제1선은 방화벽이다. 모든 전자 메시지는 이 방화벽을 거쳐서 들어가야 한다. 각 메시지는 보낸 곳과 받는 곳, 메시지 해석에 필요한 프로토콜을 밝히는 헤더가 있다. 방화벽은 이 정보를 보고 메시지의 통과 여부를 결정한다. 감사관의 업무 중에는 전력 회사의 방화벽이 올바르게 설정되어 있어 원치 않는 트래픽의 출입을 제대로 차단하는지를 보는 것도 있다. 보통 감사관들은 소수의 주요 자산, 소수의 설정 파일만을 확인하며, 해커가 방화벽을 뚫을 가능성이 있는지를 수작업으로 살펴보려고 한다.

그러나 방화벽은 매우 복잡하기 때문에 감사관이 모든 가능성을 다 따져보기가 어렵다. 이럴 때는 자동화된 소프트웨어 도구가 도움이 될 수 있다. 일리노이대학 어버너-샘페인캠퍼스의 연구팀은 '네트워크 접속 정책 도구'를 개발했다. 이 도구는 현재 전력 회사와 평가팀에서 사용되고 있다. 이 도구를 쓰려면 전력 회사의 방화벽 설정 파일만 있으면 되고, 네트워크에 연결할 필요가 없다. 이 도구는 기존에 몰랐거나 잊힌 지 오래된 여러 허점들을 발견해냈다. 이러한 허점들은 유사시 공격자들이 충분히 악용할 수 있는 것들이다.

3-2

미국 에너지부가 제시한 로드맵에는 2020년까지 전력망의 보안을 개선하겠다는 전략이 나온다. 그 전략들 중에는 침입 시도를 자동적으로 인식하고 그에 반응하는 운영체제 개발도 포함되어 있다. 이런 운영체제는 USB 스틱에서 스턱스넷 같은 바이러스가 나오는 경우 바로 차단할 것이다. 그러나 일개 운영체제가 모든 프로그램의 신뢰성을 무슨 수로 다 알 것인가?

암호화 기술의 일종인 '일방향 해시 함수'를 쓰는 방법도 있다. 해시 함수는 엄청나게 큰 수, 즉 컴퓨터 프로그램을 이루는 1과 0으로만 이루어진 수백만 단위의 수를 훨씬 작은 수로 변환해서 이를 서명으로 사용한다. 프로그램들이 워낙 광범위하기 때문에, 두 프로그램이 동일한 서명값을 가질 확률은 매우 낮다. 시스템에서 구동되려는 모든 프로그램이 해시 함수부터 통과해야 한다면 어떨지 생각해보라. 프로그램의 서명은 마스터 명단과 대조되어, 명단과 맞지 않을 경우 진입이 불허된다.

에너지부는 통제사 워크스테이션에 대한 물리적 보안 점검(신원 확인용 배지 안의 무선 칩을 생각하라) 같은 방식도 권하고 있다. 또한 네트워크 내 기기 간 통신을 더욱 엄격히 통제할 것을 강조하고 있다. 앞서 말한 2007년 오로라 시범에서는 적에게 넘어간 기기가 정당한 명령을 전달하는 것처럼 발전기의 네트워크를 기만했다. 하지만 그 '정당한 명령'은 결국 발전기를 파괴했다.

이러한 의미 있는 행보는 시간과 비용과 노력을 요구한다. 10년 안에 에너지부의 로드맵을 이행해 전력망의 보안성을 더욱 높이려면 지금보다 더욱 서둘러야 한다. 그동안에 별일이 없기를 기원하자.

4

지옥의 역병, 생물학병기

4-1 시한폭탄

프레드 구테를

1983년 8월, 가와오카 요시히로(Kawaoka Yoshihiro)가 미국에 도착한 때부터 닭들은 이미 아프기 시작했다. 몇 달 전인 그해 4월, 조류독감 바이러스가 펜실베이니아 동부의 양계장에서 창궐했으나, 수의사들은 이를 저병원성으로 보았다. 닭들을 아프게 하기는 하겠지만 치사율이 그리 높지 않다는 것이다. 그러나 바이러스가 양계장들을 휩쓸고 가면서 새로운 변종이 나타났다. 닭들이 대량으로 폐사하기 시작했고, 농부들은 생계에 큰 위협을 느꼈다. 펜실베이니아 주 정부는 미국 농무부에 도움을 요청했으며, 랭커스터 외곽의 상점가에 임시 지휘통제본부가 설치되었다. 전염병 유행을 막기 위해 농무부는 펜실베이니아 주와 버지니아 주의 닭 1,700만 마리를 살처분했다.

일본에서 온 젊은 연구자 가와오카는 멤피스의 세인트주드아동연구병원(St. Jude Children's Research Hospital)에서 연구자로 일하기 시작했다. 그의 상사인 바이러스학자 로버트 웹스터(Robert Webster)는 인간 독감 바이러스의 기원이 새라는 이론을 갖고 있었다. 오리나 거위 사이에서는 아무 해가 없이 전파되던 독감 바이러스의 변종이 진화 끝에 인간의 상기도(上氣道)에서 살 수 있는 능력을 갖추게 되었다는 것이다. 따라서 인간 독감에 대응하려면 우선 조류독감을 알아야 한다고, 웹스터는 주장했다. 그해 11월, 웹스터는 조류독감의 진행 상황이 매우 심각하다는 소식을 듣고는 모든 것을 제쳐두고 그

진원지로 갔다.

가와오카는 병원에 남아 생화학 봉쇄 연구소의 에어록(air lock) 뒤에서 사태를 관망했다. 그는 현장에서 보내온 표본들에서 바이러스를 추출한 후 배양했다. 그리고 벽을 따라 늘어선 새장에 가둬 기르던 닭들을 바이러스에 감염시킨 후 그다음의 일을 관찰했다. 그는 관찰 결과를 보고 무서워졌다. 닭들이 다 죽었다. 치사율이 100퍼센트였던 것이다. 그는 부검을 통해 이 바이러스가 무자비한 병원체임을 알았다. 닭의 거의 모든 장기를 공격하고 있었다. 마치 에볼라 바이러스 같았다.

사태 이후 수개월 동안 가와오카는 조류독감 바이러스의 4월 변종은 약했으나 11월 변종은 매우 강했던 이유를 알아내려고 고심했다. 그는 두 변종을 비교해보았고, 두 변종 사이에 비교적 작은 변화들만이 있다는 것을 알아냈다. 그는 2010년 필자와 한 인터뷰에서 이렇게 말했다. "이는 단 한 번의 돌연변이만으로도 고병원성 바이러스가 생겨날 수 있다는 것을 의미합니다. 그리고 고병원성 독감 바이러스의 근원은 매우 다양하다는 것도 의미하죠. 그 근원은 다름 아닌 새들입니다."

가와오카는 이 경험을 통해, 조류독감이 인간에게도 문제를 일으킬 가능성에 대해 과학자들이 시급히 연구해야 한다고 절실히 생각하게 되었다. 그러한 가능성을 빨리 알아내거나 효과적인 백신과 치료제를 준비할수록 좋지 않겠는가. 그는 특히 1983년 양계 농가를 초토화했던 것과 비슷한 강력한 조류독감이 인간에게도 타격을 가할 수 있는지 알고 싶어 했다. 그리고 만약 그렇다면, 그런 바이러스는 과연 어떤 유전자 서열을 갖추고 있을까?

가와오카가 그 답을 얻은 것은 근 30년 만이었다. 그는 새들의 몸속에 사는 조류독감 바이러스 H5N1을 지난 2009년 대유행했던 H1N1 바이러스에 결합시켰다. 그다음 이 잡종 바이러스에 흰담비를 감염시켰고(흰담비는 연구에서 인간의 대체물로 많이 쓰이는 실험동물이다), 바이러스가 공기 중 비말로 쉽게 전파된다는 것을 발견했다. 이로써 H5N1 독감 바이러스가 인간에게도 발병될 수 있다는 것은 더 이상 가설이 아니게 되었다. 실험실에서 가능하다면, 자연에서 안 되리라는 법이 없었다.

가와오카는 이 연구 결과를《네이처》에 제출했다.《네이처》는 표준 절차대로 이 연구에 대한 동료 검토에 들어갔다. (《사이언티픽 아메리칸》 역시 네이처 출판 그룹 소속이다.) 로테르담에 있는 에라스무스메디컬센터(Erasmus Medical Center)의 바이러스학자 론 푸시에(Ron Fouchier) 역시 인간에게 전파될 가능성이 있는 H5N1 바이러스를 독자적으로 만들어 흰담비에게 실험해보았다. 그는 실험 결과를《사이언스》에 제출했다. 그리고 결국 백악관도 이 연구들에 대해 알게 되었다. 2011년 12월, 생물학 보안 담당 관리들은 연구를 일시 중지하고 연구 결과에 대한 발표를 연기해달라고 요청했다.

생물학 보안 전문가들은 1983년 닭들을 대량으로 폐사시킨 조류독감 바이러스처럼 이들 바이러스가 인간을 대량 학살할지도 모르는 사태를 우려했다. 만약 그렇게 된다면, 과학자들의 연구는 생화학병기 개발의 청사진을 제시하는 격이 되고 만다. 또한 사고로 바이러스에 감염된 연구자에 의해 이들 바이러스가 연구소 밖으로 유출될 수도 있다. 연구 결과를 학회지에 제출한 지 수 개월이 지난 후, 과학자들은 공개적으로 목소리를 높여 이 새로운 바이러스의 치명성 여부와 H5N1 독감 바이러스 연구에 필요한 규제에 대해 논의했다. 과학의 연구 관행은 자유로운 정보의 흐름과, 호기심 해결을 추구하려는 과학자들의 경향에 의해 발전되어왔다. 그러나 이제 이러한 관행은 사람들을 병원체로부터 보호해야 한다는 요구와 충돌하고 있다. 그 병원체는 대량 살상 무기가 될 잠재력이 있다. 마치 핵무기처럼 지극히 파괴적이며, 관리하기가 여간 까다롭지 않은 병원체인 것이다.

자연의 위협

역사상 처음으로 기록된 조류독감은 1878년 이탈리아 북부 교외의 양계 농가에서 발생했다. 당시에는 '가금 전염병'이라고 부르며 일종의 악성 콜레라쯤으로 여겼다. 그러다가 1901년에 이르러 과학자들은 이 병의 원인이 바이러스라고 생각하게 되었고, 1955년에는 인간에게 감염되는 독감 변종과 유사한 A형 독감임을 알게 되었다. 그래서 웹스터를 비롯한 여러 과학자들은 조류독감과 인간 독감의 창궐 사이에 상관이 있지 않은가 하는 의문을 품었던 것이다.

웹스터는 새를 인간 독감 바이러스의 전구 바이러스를 가지고 있는 보균자로 여겼으며, 이러한 생각은 이제 사회적 통념이 되었다. 야생 조류는 이런 독감 바이러스를 소화기에 가지고 있지만 발병하지는 않고, 배설물로 바이러스를 전파한다. 야생 조류가 양계 농가의 닭 한 마리를 감염시킬 경우, 바이러스는 돼지 및 다른 가축들과의 근접 접촉을 통해 다른 많은 바이러스들과 상호작용할 기회를 얻게 된다. 이는 중국과 남아시아의 축산 시장과 뒤뜰 농장에서 실제로 벌어졌던 일이다. 돌연변이와 (다른 바이러스의 유전자를 사용한) '유전자 재배열'을 통한 독감 바이러스의 변형 능력은 악명이 높다. 개방 구조의 농장은 바이러스들의 사교 파티장이나 다름이 없다. 마치 사교 파티에 나간 사람들이 명함을 교환하듯이, 다양한 변종들이 유전물질을 교환한다.

지난 수십 년간 독감 전문가들은 아시아 농가에서 돌고 도는 H5N1 변종 바이러스를 주로 걱정했다. A형 독감 바이러스는 표면단백질인 혈구응집소(hemagglutinin)와 뉴라미니다아제(neuraminidase)의 차이로 구분된다. 바이러스의 이름에 나오는 두 알파벳 'H'와 'N'은 이들 두 성분의 이름에서 따온 것이다. (1983년 미국에서 대유행했던 바이러스의 이름은 H5N2다.) 바이러스에도 특징이 있다면, H5N1 바이러스는 지극히 활발하고 예측 불가능하다는 것이 특징이다. 한때 이 바이러스는 야생 조류에게는 해가 없는 것으로 여겨졌다. 그러나 지난 2005년 H5N1에 의해 죽은 수천 마리의 오리, 거위, 갈매기, 가마우지 들이 중국 중부 칭하이 호수에서 발견되었다. 지난 10년 동안 H5N1은 베트남의 사향고양이와 태국 동물원의 호랑이도 죽였다.

H5N1은 사람도 죽였다. 지난 1997년 아시아 조류독감 창궐 당시 사망한 홍콩의 세 살배기 남자아이가 첫 희생자다. 1997년 말까지 H5N1에 의한 사망자는 여섯 명으로 늘어났다. 중국과 이웃 나라들은 대유행을 막기 위해 수

백만 마리의 가금류를 살처분했다. 그러나 조류독감 바이러스는 2004년 태국, 베트남, 중국, 인도네시아를 또다시 강타했다.

H5N1으로 죽은 사람의 수는 약 350명이고, 대부분은 조류와의 접촉에 의한 것이다. 사망자의 절대 숫자는 그리 높지 않다. 그러나 세계보건기구(WHO)에 따르면, 이 바이러스의 치사율은 약 60퍼센트에 이른다. 반면 1918년 2,000만~5,000만 명을 죽인 독감 바이러스의 치사율은 2퍼센트에 불과했다. 가와오카와 푸시에의 논문이 발표된 이후, H5N1의 실제 치사율에 대해서는 치열한 논쟁이 오갔다. 마운트사이나이의과대학의 미생물학과 과장이며 전염병학 교수인 피터 팔레스(Peter Palese)를 비롯한 여러 과학자들은 H5N1의 경증 사례가 실험에서 간과되거나 무시되었고, 그러므로 H5N1의 실제 치사율은 보고된 것보다 훨씬 낮다고 주장한다. 반면 H5N1에 의한 실제 사망 사례는 집계된 것보다 많다며, 따라서 그 실제 치사율은 보고된 것보다 훨씬 높다고 주장하는 사람들도 있다. 가와오카와 푸시에는 실험실에서 만든 바이러스로 흰담비에게 실험한 결과 치사율은 낮게 나타났다고 발표했다. H5N1의 위험성이 어느 정도이건, 이 바이러스가 인간들 사이에 쉽게 전파될 수 있다는 사실은 결코 좋은 소식이 아니다.

2001년 9월 병기화된 탄저균이 흰색 가루 형태로 미국 우편망을 통해 전파되어 다섯 명이 죽었다. 안 그래도 세계무역센터와 국방부에 대한 9·11 테러 공격으로 충격에 빠져 있던 미국은 이 탄저균 공격으로 더욱 큰 충격을 받았다. 생물학 방어 예산은 마구 올라갔다. 2001년 이후 2012년 현재까지 미국 정부가 백신 비축, 질병 감시, 잠재적 생물학병기 작용제(독감 포함)에 대한 기초 연구에 사용한 돈은 총 600억 달러 이상이다. 이 비용 중 상당 부분을 쓰는 미 국립알레르기전염병연구소(National Institute of Allergy and Infectious Disease, NIAID)는 2003 회계연도에 전년 1,700만 달러이던 독감 연구 예산을 5,000만 달러로 세 배나 늘렸다. 그리고 2004 회계연도에 독감 연구 예산은 그 두 배인 1억 달러가 되었다. 2009 회계연도에는 3억 달러로 증액되어 최고점을 찍었고, 이후에도 약간만 줄어들었을 뿐이다. 가와오카는 이러한 추세로 덕을 보았다. 미 국립보건원(National Institutes of Health, NIH) 웹사이트에 따르면, 2006년부터 그는 NIAID로부터 'H5N1 독감 바이러스의 대유행 가능성'에 대한 연구 예산으로 연간 50만 달러씩을 받고 있다. 푸시에 또한 NIAID와 계약을 맺은 마운트사이나이병원 소속 연구팀으로부터 연구비를 받고 있다. 푸시에는 전염성을 향상시킨 H5N1의 변종 바이러스를 만들었고, 이 바이러스들을 공기 중 비말을 통해 흰담비에게 전파시켰다. 미국 질병통제예방본부(CDC)에도 H5N1의 전염성을 연구하는 팀이 있으나, 가와오카나 푸시에 연구팀만큼 좋은 성과를 내지는 못했다.

잠재적 생물학병기

그러나 9·11 테러 공격 이후 수년간 독감의 병기화 가능성보다는 천연두의 병기화 가능성을 걱정하는 의견이 많았다. 천연두 바이러스는 치사율이 33퍼센트에 달하며, 보균자들 사이에서 수년 동안이나 사라지지 않는다. 천연두는

1979년에 박멸되었다고 선언되었다. 그러나 현재 공식적으로는 오직 두 곳, 즉 미국 애틀랜타와 러시아 콜초보에 천연두 바이러스 표본이 엄중한 경비 아래 보관되어 있으며, 그 밖의 다른 곳에도 불법적인 표본들이 남아 있다는 소문이 있다. 미국은 9·11 테러 공격 이후 높아만 가는 불안감에 대응하기 위해 천연두 백신 30만 회분을 생산해 미 전역의 비밀 창고에 비축해두었다.

2005년 독감의 생물학병기화 가능성이 거론되었으며, 생물학 보안 담당 관리들은 이를 인정했다. 과학자들은 북극 얼음에 냉동 보존되어 있던 인간 시신의 조직 표본을 사용해 1918년에 유행한 독감 바이러스를 재현하는 데 성공했다. 미 국립생물학보안자문위원회(National Science Advisory Board for Biosecurity, NSABB)는 논의 끝에, 독감 연구에 따르는 과학과 공공 보건의 이득이 안보상의 위험보다 더 크다고 결론지었다. 현 NSABB 위원장인 폴 케임(Paul Keim)은 이전의 결정이 '실수'였다고 최근 발언했다. 2009년 저병원성 H1N1 바이러스가 대유행했을 때도, 인류는 1918년 바이러스에 부분적으로 면역력이 있었기 때문에 H1N1 바이러스 문제는 별것 아닌 것으로 치부되었다. 그러나 H5N1은 인간의 면역계에 생소하므로, 자연적인 내성이 없다.

현재 일부 국방 전문가들은 가와오카와 푸시에가 실험실에서 만든 H5N1 바이러스가 천연두보다 더욱 위험하다고 보고 있다. 독감 바이러스는 천연두보다 전염이 더 잘되고 전파 속도도 더욱 빠르다. 때문에 보건 당국이 백신과 치료제를 투입할 시간적 여유가 적다. "인플루엔자의 전염성은 타의 추종을 불허합니다"라고, 미네소타대학의 전염병 연구 및 정책 센터 소장이자 비교적 거침없이 말하는 편인 NSABB 위원 마이클 오스터홀름(Michael Osterholm)은 말한다. H5N1 바이러스의 높은 전염성, 그리고 현재까지 환자들 사이에서 관측된 60퍼센트에 이르는 높은 치사율을 생각해보면 실로 몸서리가 쳐진다. 오스터홀름이 지적했듯이, H5N1 바이러스의 병원성이 1918년 독감 바이러스의 20분의 1밖에 안 된다고 해도, 그에 의한 인명 피해는 1918년 독감 바이러스보다 더 클 수 있다. NSABB는 2011년 12월 가와오카 논문과 푸시에 논문의 세부 내용 공개를 보류해달라고 요청했으나, 2012년 3월 이들 논문의 내용을 전면 공개하기로 방침을 바꾸었다.

조류독감, 더 정확히 말하자면 포유류에게 전염되도록 실험실에서 개조된 H5N1 바이러스가 생물학병기로 전용될 가능성이 있으므로, 이를 천연두 바이러스처럼 엄격히 관리해야 한다는 것이 생물학 보안 계통의 중론이다. "이 바이러스의 존재 자체가 위험이라는 것이야말로 부정할 수 없는 사실입니다"라고, 생물학 보안 전문가이자 러트거스대학의 화학생물학자인 리처드 에브라이트(Richard H. Ebright)는 말한다. "예기치 않게 유출될 위험은 물론, 누군가에 의해 병기화될 위험이 있는 바이러스입니다."

국방 전문가들과 많은 과학자들은 이익과 위험에 대한 선행 분석 없이 관련 연구가 진행되었다는 사실에 화를 낸다. NSABB는 순수한 자문 기구이며 어떤 감독 책임도 없다. NSABB가 이 건에 개입한 것은 백악관의 재촉을 받은 뒤였다. 지난 2007년 메릴랜드 주에 위치한 국제안보연구센터(Center for International and Security Studies)의 존 스타인브루너(John Steinbruner)와 그의 동료들이 발표한 보고서는 "그동안 기초 연구에서는 개별 연구자의 자율권이 선의에서 매우 강조되어왔으나, 그러한 연구의 자유에도 이제는 적절한 제한을 가해야 함"을 촉구했다. 하지만 대부분 사람들은 이 보고서를 무시했다. 그러나 푸시에와 가와오카의 논문이 발표된 뒤, 미국 정부는 H5N1 및 1918년 독감 바이러스 관련 연구에 대한 위험 평가 예산을 요청했다.

스타인브루너를 비롯한 보고서의 저자들은, 현재 WHO가 천연두 연구에 대해서 하고 있듯이, 잠재적 위험성을 내포한 연구에 대해 규제 및 감독을 실시할 국제 감독 기구의 필요성을 역설했다. 스타인브루너는 "기밀 보호실을 만들어달라는 게 아닙니다. 누구도 관련 연구를 비밀리에 실시할 수 없게 하는 규정이 필요하다는 것이지요"라고 말했다. 그리고 이렇게 덧붙였다. "포유류에게도 전파되도록 개조된 H5N1 바이러스는 핵병기를 능가하는 파괴력을 가진 대량 살상 병기가 될 것입니다. 대단히 위험한 병원체입니다. 과학자들이 알아서 조심스럽게 취급한다고 되는 문제가 아닙니다. 제도화된 안전 절차가 필요합니다."

그렇다면 이러한 절차는 연구를 어느 정도 제한해야 하는가? 핵병기 기술은 군사기밀로 분류된다. 따라서 관련 연구 중 일부는 비밀리에 실시되어야만 한다. 이와 달리 독감은 세계 공공 보건의 문제다. H5N1 연구의 일부를 기밀로 처리하는 것은 세계 공공 보건의 가장 큰 문제를 과학자들과 보건 당국에게 알리지 않겠다는 소리다. 한편 상당수의 보안 전문가들은 포유류에게 전염성을 가진 독감 바이러스의 연구는 가와오카나 푸시에의 연구소보다 훨씬 더 보안이 철저한, 최고급의 보안을 갖춘 연구소에서만 할 수 있게 하자고 주장한다. 하지만 이러한 제한 역시 많은 과학자들이 관련 연구를 할 수 없게 만드는 것이다.

많은 조사관들은 열정적으로 가와오카와 푸시에의 연구를 변호했다. 그들의 연구는 H5N1에 대한 인류의 지식을 늘려주고, 그 바이러스를 더 잘 막을 수 있는 방법을 알려주었다는 것이다. 연구 활동의 자유가 보장될 때 과학은 가장 잘 발전한다는 것이 그들의 주장이다. H5N1에 강력한 치명성과 전염성 등의 특징을 부여하는 유전적 구성 요소들이 무엇인지 정확히 알아낸다면, 보건 전문가들이 자연에서 나타나는 위험한 새 변종을 적시에 발견하고 예방책을 세울 수 있다. 새로운 인간 조류독감 바이러스가 등장해 일단 퍼지기 시작하면, 이미 확산을 처음부터 막기에 늦은 것이다. 독감 백신 생산에는 적어도 6개월, 또는 그 이상이 걸린다. H1N1 바이러스가 보건 당국의 주목을 받던 2009년 4월, 이 바이러스는 이미 멕시코와 미국에 널리 퍼져 대유행의 길로 나아가고 있었다.

더구나 가와오카가 발견해낸 H5N1의 전염성을 높이는 유전적 구성 요소는 자연의 바이러스에도 있었다. 이는 룰렛이 이미 돌아가고 있을지도 모른다는 소리다. 가와오카는 《네이처》에 게재한 논문에 이런 글을 썼다. "포유류에 대한 전염성을 갖게 하는 H5N1 변이는 자연에서 일어난 것일지도 모른다. 그 속에 숨어 있는 기제를 연구하지 않는 것은 무책임한 일이라고 생각한다." (가와오카는 이 논문에 대한 인터뷰를 거절했다.) 푸시에도 같은 취지에서 자신의 연구를 정당화하고 있다.

치명적인 독감 바이러스의 자세한 유전 정보를 안다고 해도, 적절한 자금 지원과 연구 네트워크가 없고 해당 동물에 접촉할 수 없으면 소용이 없다. H5N1이 발생했을 때 바이러스학자들은 중국 남부의 축산 시장을 철저히 관찰했다. 그러나 중국의 다른 지역과 남아시아에 대해서는 이런 관찰이 이루어지지 않았다. H1N1 바이러스가 2009년 멕시코에서 발생하기 이전, 그 전구 바이러스는 이미 수년 동안 미국 돼지 농장에서 돌고 있었다는 심증이 있었다. 그러나 미국 축산 농가들은 보건 당국이 돼지들을 검사하는 것을 허용치 않았다.

인간 전염병 대유행을 예방하는 데는 감시만으로 불충분할지 모른다. CDC의 독감 부서 부장인 낸시 콕스(Nancy Cox)는 이렇게 말한다. "우리 기관의 준비 태세는 분명 H1N1 대유행 때보다 뛰어납니다. 그러나 전 세계는 전염성과 병원성이 높은 인간 독감 바이러스의 출몰에 대비가 되어 있지 않습니다. 솔직히 말하자면, 모든 바이러스 변종을 막아줄 만능 백신이 나올 때까지는 그런 대비가 이루어지지 않은 거나 다름없다고 생각합니다." 그리고 그런 만능 백신이 언제 나올지는 기약도 없다. 그 때문에 우리는 아는 것은 많은데 할 수 있는 일은 별로 없는 불편한 위치에 있는 것이다.

4-2 가짜 보톡스, 진짜 위협

켄 콜먼 · 레이먼드 질린스카스

지난 2006년 초 '자연 요법 의사'를 사칭하던 차드 리브달(Chad Livdahl)은 애리조나에서 우편 사기죄, 우편 전신 사기를 모의한 죄, 의약품 부정 표시 죄, 미국인을 상대로 사취를 한 죄 등을 인정했다. 그는 징역 9년형을 선고받았다. 투손에 위치한 톡신리서치인터내셔널(Toxin Research International) 사에서 근무하던 리브달의 부인이자 동료인 자라 카림(Zarah Karim) 역시 같은 혐의에 대해 유죄를 인정하고 징역 6년형을 선고받았다. 두 사람은 또한 거액의 벌금을 선고받고 손해배상까지 해야 했다. 검사들에 따르면, 이들 부부는 미 전국의 의사들에게 작은 유리병에 담긴 가짜 보톡스를 팔아 1년이 조금 넘는 기간 동안 150만 달러 이상의 부당이득을 챙겼다.

보톡스는 이마 주름살을 제거하거나 근육 경련을 이완시킬 때 소량 주사된다. 보톡스 말고도 불법적으로 생산되고 거래되는 의약품은 아주 많다. 전 세계에서 매년 750억 달러어치의 가짜 의약품이 거래되고 있을 것으로 추산된다. 그러나 보톡스와 그 관련 제품의 활성 성분은 다른 의약품의 활성 성분과 근본적으로 다르다. 보톡스의 활성 성분인 보툴리누스균 신경독(botulinum neurotoxin, BoNT)은 순수 형태로는 학계에 알려진 가장 치명적인 물질이다. 실제로 이 물질은 세계에서 제일 치명적인 생물학병기 작용제로 분류되며, 천연두, 탄저균, 페스트와 함께 '선별 물질'로 취급되고 있다. 이렇게 생물학전에 사용될 가능성이 있기에, BoNT를 무단으로 제조해 암상인들이 인터넷 거래로 전 세계에 판매하는 행위는 다른 의약품 사기보다 더욱 위험하다고 할 수 있다.

필자들을 비롯한 안보 분석가들은 지난 2008년 불법 국제 의약품 거래의 규모와 실태를 조사하게 되었다. 그리고 한때는 비교적 구하기 어려웠던 강력한 병기용 작용제들이 현재는 길거리 폭탄의 재료만큼이나 구하기 쉬워졌다는 사실을 알고 크게 걱정하지 않을 수 없었다. 하지만 우리는 비용이 많이 안 들고 위험하지 않은 확실한 대응을 통해 이러한 위협을 크게 줄일 수 있으며, 그러한 대응은 가급적 빨리 취해져야 한다고도 생각하고 있다.

다층 시장

미국 식품의약국(Food and Drug Administration, FDA)은 1989년에 캘리포니아주 어바인에 위치한 엘러간(Allergan) 사에 의학적 용도의 보톡스 판매를 허가했다. 이후 이 회사는 2009년 현재 20억 달러 규모에 달하는 합법 BoNT 제품 시장의 상당 부분을 차지했다. 하지만 다른 기업들의 약진도 만만치 않다. 프랑스의 입센(Ipsen), 독일의 멀츠제약(Merz Pharma), 중국의 란저우생물제품연구소(Lanzhou Institute of Biological Products) 등을 비롯한 여러 기업들이 이 시장에 뛰어들었고, 일부 국가에서는 엘러간을 능가하는 매출을 보이고 있다. FDA가 BoNT의 미용 목적 사용을 승인한 것은 2002년의 일이다. 그리고 현재 인간용 의약품 등급의 BoNT 제품을 만들 자격을 가진 기업은 일곱 곳

뿐이다. 그 밖에 미국의 회사 세 곳이 시약 등급의 BoNT 제품을 연구소에 납품하고 있다. 이런 시약 등급 제품은 사람에게 쓸 수 없고, 대신 백신 연구 등의 산업 및 학술 목적으로 사용된다.

가짜 의약품은 진짜 제품의 브랜드를 닮은 라벨을 달고 있기도 하지만, '뷰톡스(Butox)'나 '뷰토스(Beauteous)'처럼 진짜 제품과 비슷해 보이는 상품명을 가진 경우가 더 많다. 일부 제품은 어떻게 봐도 가짜 같다. 심지어 BoNT가 아예 검출되지 않는 것도 있다. 그러나 입센의 조사관 앤디 피케트(Andy Pickett)와 마틴 뮤이스(Martin Mewies)가 2009년 발표한 연구 결과에 따르면, 불법 제품의 약 80퍼센트는 함유량이 제각각이긴 해도 BoNT가 들어 있기는 하다. 가짜 BoNT 제품들은 보통 정품에 비해 싼값에 팔리며, 이런 제품의 주요 고객은 부도덕한 의사와 미용사다. 그리고 불법 제조자나 중간상인은 중간 차익을 노리고 보통 인터넷으로 제품을 판매한다. 정품 BoNT 제품 메이커들은 이런 가짜 제품들 때문에 자신들이 연간 수억 달러의 매출액 손실을 보고 있다고 추측한다.

하지만 가짜 제품들을 사는 사람들이 치르는 대가는 의외로 클 수도 있다. 그것을 보여주는 사건이 2004년 플로리다에서 일어났다. 가짜 미용용 BoNT 제품 때문에 네 명의 피해자가 중증 보툴리누스중독증으로 죽을 뻔하고, 몇 개월 동안이나 병원에 입원해서 기계적 인공호흡을 받아야 했던 것이다. 이 사건을 일으킨 주범은 면허가 정지된 어느 의사였다. 그는 정품 시약 등급 BoNT 제조사에서 구입한 BoNT 제품을 자신은 물론 환자 세 명에게 과량 주사했다. 각 사람이 과연 BoNT를 얼마나 투약했는지는 정확히 알 수 없으나, 의사는 투약 시 단위를 혼동하는 치명적인 실수를 했다. 원래 정량은 4.8나노그램으로, 1나노그램은 10억 분의 1그램이다. 그런데 그 의사는 이를 4.8마이크로그램(㎍)으로 혼동한 것이다. 1마이크로그램은 100만 분의 1그램이다.

인간용으로 불법 재판매된 시약 등급 BoNT로 초래된 사건 기록은 그 밖에도 많다. 그리고 여러 증거에 따르면, 합법적인 의약품 등급 BoNT 제품들도 도난당하거나 빼돌려져 암시장에 유통되고 있는 것으로 보인다. 하지만 가짜 BoNT 제품들, 특히 아시아에서 만들어진 것들은 그 출처를 알 수 없는 경우가 많다. 그리고 이런 제품을 불법적으로 판매하는 업자들 중에는 핵심 재료인 BoNT를 만들 수 있는 사람도 있고 그렇지 못한 사람도 있다.

우리는 이런 가짜 BoNT 제품을 취급하는 곳을 중국에서만 20군데나 찾았다. 이들은 스스로를 '회사'라고 소개한다. 그리고 홈페이지를 통해 자신들이 BoNT 및 기타 미용 제품의 정당한 판매업자라고 주장한다. 하지만 홈페이지에 적힌 회사 주소는 실제로 존재하지 않는 곳이거나, 텅 빈 작은 사무실인 경우가 많다. 이 홈페이지를 운영하는 자들의 실체가 무엇인지는 알 수 없다. 그러나 입센의 분석 결과에 따르면, 이들은 진짜 BoNT를 입수할 수 있다.

여러 증거에 의하면 가짜 BoNT 제품 공장들은 구소련 지역에도 퍼져 있으며, 그 운영에는 범죄 조직이 연관되었을 수도 있다고 한다. 러시아에서 가짜 의약품 문제는 오랫동안 만연해 있었다. 그러니 전문가들이 러시아의 미용 클리닉 가운데 약 90퍼센트는 가짜 BoNT를 사용한 적이 있다고 해도 놀랄 일은 아니다. 어느 보안 컨설턴트는 6년 넘게 러시아에서 활동한 가짜 BoNT 제품 공급업체의 이야기를 들려주었다. 그 회사에서 취급하는 물품들은 체첸공화국의 모처에서 생산되었으며, 그 생산 공장의 대표는 비행기를 타고 정기적으로 상트페테르부르크에 온다는 것이다. 물론 합법 보톡스 라벨과 거의 똑같은 라벨을 붙인 약병들이 가득 든 옷가방을 가지고 말이다. 그 생산 공장 대표에게 어느 고객이 물었다. "몇 개까지 구입할 수 있습니까?" 그러자 그 대표는 원하는 만큼 얼마든지 만들어주겠다고 답했다. 한꺼번에 1,000병이라도 공급이 가능하다는 것이다.

우리는 인도의 가짜 의약품 제조업체들도 매우 위험하다고 보고 있다. 이들이 아직은 가짜 BoNT 사업에 뛰어들지 않았다 하더라도, 얼마 안 있어 반드시 그렇게 될 것이다. 인도에는 2007년 창업한 합법 BoNT 제조업체인 보토지니(BOTOGenie)가 있고, 미용 및 의료용 BoNT 제품을 원하는 내수 수요도 많다. 그리고 외국인들에게 놀라울 만치 저렴한 가격에 치료 서비스를 제공하는 의료 여행 산업도 무섭게 성장하고 있다. 이미 잘 알려진 인도의 가짜 의약품 제조업자들이 끼어들기 딱 좋은 상황이다.

안보라는 관점에서 봤을 때, 인도의 이 신흥 시장은 매우 골칫거리다. 가짜 BoNT 제품을 미용용으로 판매하는 제조업자와 유통업자가 체제 전복을 노리는 사람들에게 대량의 BoNT 원료를 팔지 말라는 법이 없기 때문이다. 러시아의 사례에서 보듯이, BoNT를 미용 용도로 쓰려는 고객과 범죄 용도로 쓰려는 고객 간의 경계는 이미 희미해졌다. 그리고 가짜 의약품 제조업자나

치명적 무기의 암거래 시장

보툴리누스균 신경독을 포함한 의약품 수요가 많기 때문에 세계적으로 불법 거래 시장이 계속해서 성장하고 있다. 그 수요에 부응하는 생산자들이 정확히 얼마나 되는지는 잘 알려져 있지 않다. 그러나 그 수가 늘어나고 있다는 것만은 틀림없다. 숨어 있는 제조업자들, 비양심적인 지역 거점별 중개상들, 인터넷 판매상들은 기꺼이 전 세계로 제품을 공급하기 때문에, 이들이 테러범들의 독극물 생산에 필요한 원료 공급 원천이 되는 것이다.

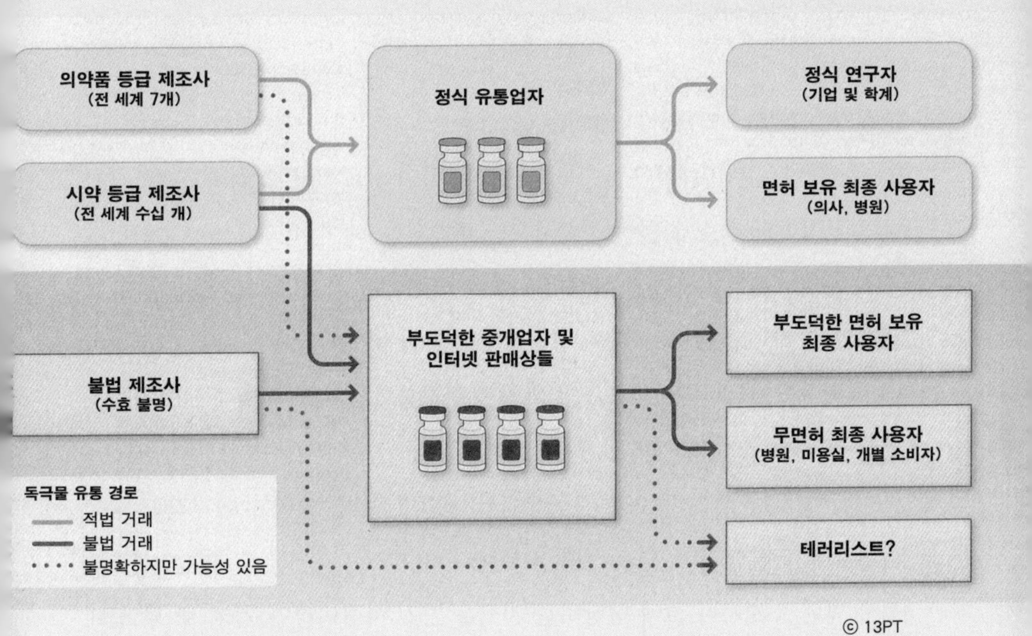

범죄자가 생산 시설을 세우지 못하게 막을 방법도 별로 없다. BoNT 생산에는 특화된 장비도 필요 없고, 미생물학에 대해 적절한 수준의 전문 지식만 있으면 되기 때문이다.

만들기는 쉬우나 악용하지 않기는 어렵다

BoNT를 만드는 박테리아 보툴리누스균은 자연 상태에서 흙 속에 산다. 그러나 혐기성이라 산소가 없는 상황에서만 번식한다. 과거 미국에서 보툴리누스균 중독의 가장 큰 원인은 변질되거나 살균 처리가 잘 안 된 통조림 등의 식품이었다. 하지만 오늘날 미국 성인들의 보툴리누스균 중독은 주로 외상성이다. 특히 마약 중독자들이 스스로 마약을 주사하다가 주사 부위에 보툴리누스균이 들어가는 경우가 많다.

이 균이 생산하는 독소는 지구상에서 제일 강하다. 그리고 어지간한 생물학연구소의 실험 장비만 있으면 치사량의 BoNT를 생산할 수 있다. 생물학 석사 학위 소지자나 그에 상당하는 지식을 가진 사람이라면, 불과 한 달 안에 대량 살상이 가능한 분량의 BoNT를 제조할 수 있다.

BoNT의 독성은 매우 강력하다. 하나의 분자로도 신경세포 하나를 무력화할 수 있다. 이 독은 신경 말단의 수용체를 차단해 신경과 주변 근육을 마비시킨다. 순수한 BoNT는 정맥 또는 근육 주사로 0.09~0.15마이크로그램만 투여하면 몸무게 70킬로그램의 사람을 죽일 수 있다. 호흡을 통해 상대방의 신경섬유에 BoNT를 전달할 때의 치사량은 0.7~0.9마이크로그램으로, 주사보다는 효율이 떨어진다. 소화기에 BoNT를 투여할 때의 치사량은 70마이크로그램으로, 가장 효율이 낮다. 즉 BoNT 1그램은 경구투여 시 1만 4,000명을, 호흡기에 투여 시 125만 명을 죽일 수 있는 것이다.

자연에서 찾을 수 있는 모든 보툴리누스균은 BoNT를 생산할 수 있으나, 합법적인 제조업자들이 사용하는 균의 변종은 그중에서도 생산 능력이 특히 뛰어나다. 특히 홀(Hall) 변종은 학계의 연구소에서 널리 쓰이며, 미국 세포주 은행(national cell culture collections)에도 저장되어 있다. 보툴리누스균을 가지고 BoNT를 생산하고자 하는 사람은 그 방법을 배우는 데 아무런 애로 사항이 없다. 지난 50년간 학술 논문을 통해 널리 전파되었기 때문이다.

그 방법은 우선 소규모의 보툴리누스균 집락을 영양배지에 고정시키고 배양기와 발효조에서 3~4일간 배양하는 것부터 시작한다. 이렇게 만들어진 혼합물을 발효조에서 꺼낸 다음 원심분리 또는 필터를 사용해 농축 독소를 품은 액체를 걸러낸다. 물론 제약업계에서는 최종 생산품의 품질과 안정성을 보장하기 위해 추가 정제 과정을 거친다. 그리고 그 최종 생산품은 작은 약병에 담긴 고운 분말 형태로 출시된다. 최종 사용자가 이를 원상으로 복구하고자 할 때는, 약병에 식염수 10밀리리터를 넣어 분말이 녹을 때까지 몇 초간 기다리면 된다. 이렇게 만든 용액은 몇 시간 내로 사용되어야 하며, 그렇지 않으면 급속히 약효를 잃는다.

BoNT는 외부 환경 노출에 비교적 취약하다. 이는 과거 BoNT의 병기화 시도에 큰 장애물이었다. 그럼에도 불구하고 미국과 소련은 BoNT를 비말 형태로 살포하는 병기 개발에 성공했다. 이라크는 BoNT가 든 폭탄을 만들기도 했지만 실용성은 거의 없었을 것이다. 비국가 활동 세력이 BoNT를 병기화하려고 시도한 사례 중 제대로 보고된 것은 단 하나뿐이다. 1990년대 초반, 종말론을 신봉하던 일본의 신흥 종교 옴진리교가 그 주인공이다. 옴진리교 신도인 의사 여러 명과 과학자 한 명이 서류 가방에 숨겨진 살포 장치로 비말화된 BoNT를 살포하려고 여러 차례 시도한 것이다. 이러한 시도들은 모두 실패로 끝났다. 그 원인은 이들이 사용한 보툴리누스균 변종의 BoNT 생산력이 낮았고, 살포 장치의 노즐이 막혔으며, 죄책감을 품은 신도가 기기를 작동시키지 않았던 것뿐이다.

BoNT를 사용한 테러 공격으로 가장 가능성이 높은 것은 식량이나 음료수를 오염시키는 것이다. 2005년 《미국국립과학원회보(Proceedings of the National Academy of Sciences USA)》에 실린 한 논문은 젖소에서부터 소비자까지를 잇는 우유 공급망의 주요 지점에 BoNT를 투입하는 테러 전략을 분석했다. 이러한 형태의 공격이 과연 성공할 수 있을지를 놓고 논란이 일었다. 이러한 공격을 시도하는 테러리스트가 과연 필요한 BoNT를 직접 제조하는 대신 익명의 인터넷 판매자에게서 구입할 수 있을지에 대해, 논문의 저자인 스탠퍼드대학의 로렌스 웨인(Lawrence M. Wein)과 이판 리우(Yifan Liu)는 수년 동안 결론을 내리지 못했다. 그러나 오늘날 이들의 가설이 현실로 이루어지기는 더욱 쉬워진 것 같다.

위협의 평가

보통 생물학병기와 화학병기의 확산을 저지하기 위한 국제사회의 대처는, 각국을 압박해 해당 병기에 대한 수요를 없애는 한편 해당 병기 생산용 장비와 기술 이전을 엄격하게 규제함으로써 공급을 차단하는 방식으로 진행된다. 그러나 1972년의 '생물학 및 독성 무기에 관한 협정'과 1993년의 '화학무기 금지 조약' 같은 여러 관련 수출 규제 및 조약은 어디까지나 각국 정부 간의 규제다. 불법 BoNT 제품의 국제적 확산은 새롭고도 당혹스러운 상황을 만들었다. 이러한 제품들을 공급하는 주체는 각국 정부가 아니라 개인이고, 수요 주체 역시 각국 정부가 아니라 일반 소비자이기 때문이다.

인터넷은 BoNT의 수요와 공급을 창출하는 데 독특하고 중요한 역할을 하고 있다. 이 때문에 BoNT는 그 어떤 잠재적 생물학병기 또는 화학병기보다 더욱 즉각적인 확산 위험성을 가지고 있다. 우리의 연구에 따르면, 지난 2년간 BoNT를 취급하는 인터넷 업자들의 수는 크게 늘어났다. 이러한 증가 추세는 BoNT 불법 제조의 확산을 의미한다. 하지만 각국의 생물학 테러리즘 방어 기관과 가짜 의약품 거래 단속 기관은 그런 데 전혀 신경을 쓰고 있지 않다. BoNT 문제는 두 기관의 영역 사이 무풍지대에 남아 있다.

기존의 생물학병기 및 화학병기 차단 전략 중 일부는 이 새로운 위협 앞에 완벽히 무력하다. BoNT 공급자에게 들어가는 장비와 정보를 제한해봤자, BoNT 제조를 하고 싶어 하는 사람들에게는 심각한 지장이 초래되지 않는다. BoNT는 평범한 소재들로도 제조가 가능하며, 박테리아 자체도 워낙 흔하게 볼 수 있기 때문이다.

가짜 의약품의 수요를 막으면 제조업자들을 그만큼 위축시킬 수 있을지도 모른다. 의약품 등급의 BoNT를 만드는 제조업자들은 제품을 포장하는 데 홀로그램이나 인증 가능 일련번호 등 더욱 발전된 라벨링 기술을 적용하고 있다. 덕분에 의사들과 미용사들은 자신이 정품을 사용하고 있음을 확실히 알 수 있다. 입센의 연구자들은 강의, 포스터 세션, 학술 논문 등을 통해 가짜 제품의 분석 내용을 소개하며 최종 사용자들에게 가짜 제품의 위험성을 알리고 있다.

엘러간은 가짜 제품의 제조를 막기 위해 조용하고 신중한 행보를 내딛고 있다. 이 회사는 중국의 조사관들과 협력해 산시 성의 불법 BoNT 제조업체 한 곳을 폐쇄하기도 했다. 하지만 불법 BoNT 제조업체의 수가 워낙 많은 데다 늘어나고 있을 확률도 높다. 또한 기업에는 관계 당국이 이러한 범죄자들을 추적해 기소하는 데 필요한 전문적 능력과 자원이 없다.

또 다른 의약품 위조 사례에서 더 효과적인 대처 방법을 찾을 수 있을지도 모른다. 불과 몇 년 전만 해도 항말라리아제 아르테수네이트 위조가 판쳤다. 2007년 당시 남아시아에서 팔리는 아르테수네이트 중 3분의 1에서 2분의 1 정도가 가짜였고, 이들 가짜 제품 대부분은 아무 치료 효과가 없었다. 그 결과 정품 아르테수네이트 제조업체들은 금전적 손실을 입었고, 말라리아 환자들은 죽어갔다. 환자들이 제대로 된 치료를 받지 못하는 동안 말라리아는 마구 퍼져나갔다. 같은 해, 가짜 아르테수네이트 거래를 단속하기 위해 이르바

'주피터 작전'이라는 국제 협력 작전이 전개되었다. 웰컴트러스트(Wellcome Trust),* 인터폴, 캐나다 왕립 기마경찰대, 오스트레일리아 의약청, 중국 공안부 지적재산권국, WTO, CDC 등의 여러 군소 기관과 비정부 기관들이 참가했다.

*영국 케임브리지대학 산하의 유전학 연구소.

주피터 작전은 가짜 의약품 단속에 많은 교훈을 남겼다. 그중에서도 가장 눈에 띄고 중요한 활동은 캄보디아, 라오스, 미얀마, 태국, 베트남 등 5개국에서 판매되던 가짜 아르테수네이트 수백 개를 확보했다는 점이다. 이 가짜 의약품들은 우수한 표준 실험실에서 자세한 분석을 통해 그 제품 특성이 밝혀졌다. 각 제품의 독특한 특성을 파악함으로써, 분석가들은 불법 아르테수네이트 제조업체의 수를 추측할 수 있었다. 그리고 법 집행기관들도 중간상인들이 판매하는 제품들의 특성을 원 제조업체에서 나온 제품의 특성과 맞춰봄으로써 그 판매망의 대략적인 모양새까지 알 수 있었다. 이런 방식으로 일부 가짜 아르테수네이트 제품의 원산지가 중국 동남부라는 사실을 알아내고, 해당 지역의 제조업자들을 단속할 수 있었다.

하지만 각국 정부를 설득해 가짜 BoNT 제조업체들에 대해 이런 국제 공동 단속을 실시하게 하기는 매우 어려울 것이다. 우리는 그 점에 대해 헛된 기대를 품지 않는다. 그럼에도 주피터 작전의 사례는 매우 참고할 만하다고 생각한다. 과학적 접근 방식으로 이 문제의 실상을 이해할 수 있었기 때문이다. 법 집행기관들이 이제 가짜 클리닉을 세워 가짜 BoNT 제품들을 구입하기 시작한다면, 연구소가 불법 제조업체들의 수를 알아낼 수 있다. 이 데이터는 범죄자들을 추적하거나, 테러 공격에서 사용된 독극물의 출처를 알아내는 데 사용될 수 있다.

필자들을 비롯한 안보 분석가들은 공공 안전을 위협하는 다양한 잠재적 위험이 있음을 알고 있다. 그러나 비국가 활동 세력들이 대량 살상을 위해 사용할 수 있는 생물학 및 화학 작용제는 소수다. 그중에서 현재 BoNT만큼 획득하기 쉬운 것은 없다. 불법적인 생산과 인터넷 거래가 쉽기 때문이다. 엄청난 수익을 발생시키는 가짜 BoNT 제품 시장을 움직이는 것은 허영심이다. 그러나 그렇다고 해서 체제 전복을 꿈꾸는 이들이 이 시장에 눈독을 들이지 않으리라는 것은 미련한 사고방식이다.

5

화학병기

5-1 보이지 않는 적을 보라

래리 그리니마이어

과학자들이 〈아마겟돈〉이나 〈트랜스포머〉 같은 제작비 수백만 달러짜리 할리우드 블록버스터에서 영감을 얻어 공기 중 화학병기를 탐지하는 초염가 도구를 개발한다고? 믿어지지 않겠지만 사실이다. 미시간대학 앤아버캠퍼스의 어느 전직 연구자는, 몇 년 전 영화 〈더 록〉을 DVD로 보고 나서 신경가스 해독제를 사용해 저렴한 리트머스종이 형식의 신경가스 탐지기를 만들겠다는 아이디어가 떠올랐다고 말했으니 말이다.

마이클 베이 감독이 연출한 1996년작 영화 〈더 록〉의 클라이맥스에서, 화학병기 전문가 스탠리 굿스피드(니콜라스 케이지 분)는 VX 가스로부터 목숨을 지키기 위해 심장에 아트로핀을 주사한다. 이지석은 아내와 함께 이 영화를 본 뒤, 신경 작용제 해독제인 프랄리독심(2-PAM이라는 이름으로도 잘 알려져 있다)을 이용해 VX나 사린 같은 유기인산화합물 신경가스를 탐지할 수 없을까 하는 생각에 사로잡혔다.

"제가 해독제를 그 용도로 사용하고자 했던 것은 해독제는 언제나 독성 물질과의 친화도가 우수하기 때문입니다"라고, 현재 MIT 화학공학과에서 박사후 연구생으로 있는 이지석은 말한다. "그것이 이 연구의 출발점이 되었지요."

이지석과 미시간대학의 동료들은 160ppb로 희석된 사린 가스 계열의 신경 작용제도 리트머스종이 같은 센서를 사용해 탐지할 수 있었다. 이 센서는 원래 청색이지만 사린 가스를 접하면 30초 안에 분홍색으로 바뀐다. (참고로 이지석의 말에 따르면, 분홍색처럼 보이기는 해도 엄밀히 따지면 빨간색이다.) 이 센서는 신경가스 해독제의 원자 여러 개를, 응력을 받으면 색이 변하는 분자에 결합한 것이다. 연구자들은 이 센서의 개발 사실을《첨단 기능성 소재(Advanced Functional Materials)》의 인터넷판에 게재했다.

미시간대학 재료과학공학·화학공학·생체의료공학과의 부교수인 김진상은 이렇게 말한다. "이 테스트는 간단한 거름종이를 사용합니다. 감지 재료도 매우 쉽게 합성할 수 있습니다." 이지석과 동료들에게 연구 기간 중 조언을 해준 김진상은 필터 하나를 만드는 데 드는 화학 시약과 솔벤트의 가격은 1달러에 불과하다고 말한다.

"연구소 수준의 분석 장비가 요구되지 않는 이 연구는 대단히 혁신적입니다. 약간의 기술적 개량만 해주면 매우 싼 가격으로 상용화가 가능합니다." 이지석의 말이다.

이 리트머스종이 센서는 최근 개발된 첨단 화학 및 방사능 탐지 도구들을 사용할 수 없을 때 쓰이는 로테크(low-tech) 대체재가 될 것이다. 이 첨단 장비들 중에는 공기의 질을 측정하는 자립형 기동식 육상 및 항공 실험실도 있다. 미국 환경보호청(Environmental Protection Agency, EPA)은 이 실험실을 만들기 위해 지난 10년 동안 수백만 달러를 투자했다. EPA의 대기 중 가스 분석(Trace Atmospheric Gas Analyzer, TAGA) 버스는 매우 낮은 밀도의 공기 중 화학물질을 실시간으로 채집해 분석할 수 있다. EPA는 공중 스펙트럼 광도 측정 환경 수집 기술(Airborne Spectral Photometric Environmental Collection Technology, ASPECT) 항공기도 가지고 있다. 이 항공기는 화학 및 방사능 탐지기, 고해상도 디지털 사진, 동영상, GPS 기술을 정밀 소프트웨어에 연결시켜 원격으로 화학물질과 방사능을 감지할 수 있다. 또한 군인 및 긴급 구조원이 사용하는 수킬로그램짜리 휴대형 화학 작용제 모니터(Chemical Agent Monitor, CAM) 기기의 가격은 6,500달러에 달한다. 물론 CAM 기기는 리트머스종이보다 훨씬 정밀하게 신경 작용제와 수포 작용제를 탐지 및 구분하고 그 상대 농도를 표시할 수 있다.

리트머스종이로 된 센서는 매우 많은 군인과 긴급 구조원에게 지급할 수 있으므로 더욱 실용적이다. 이들은 리트머스종이를 보는 것만으로도 상황을 신속히 파악하고 방독면을 착용할 수 있다. 물론 정확히 어떤 종류의 화학 작용제가 투입되었는지는 리트머스종이로 알 수 없지만 말이다.

미시간대학의 연구자들은 스스로 나노 섬유를 이루는 감지 재료를 개발하고 있다. 이 감지 재료로 세 가지의 감지 신호를 내는 새로운 센서를 만들 수 있다. 세 가지 감지 신호란 색상의 변화, 형광색으로의 변화, 전도성의 변화다. 김진상에 따르면, 이 센서는 여러 가지 화학물질은 물론 탄저균 같은 생물학병기도 구분해 알려줄 수 있을 것이다.

이 기술을 상용화하고 가장 필요로 하는 사람들에게 나누어주는 것이야말로 앞으로 남은 가장 큰 리트머스 테스트가 아닐까 싶다.

5-2 사린의 살인 원리

마이클 올스웨드

어떤 화학물질이 인체에 미치는 영향의 크기는 다음 네 가지 요인으로 나누어 판단할 수 있다. 흡수, 분배, 제거, 효능이다. 흡수란 화학물질이 인체 안으로 신속히 들어가는 능력을 말한다. 카펜타닐(carfentanyl)이나 사린에 의해 뉴스에 나올 만한 사망 사건이 났을 때, 사망자들은 이들 화학물질을 보통 증기 형태로 흡입한 경우가 많다. 이때 화학물질은 폐를 통해 흡수된다. 폐는 표면적이 넓으며 화학물질을 흡수하는 효율이 좋다. 예를 들어 흡연자의 혈중 니코틴 농도는 흡연을 끝낸 직후부터 바로 오르기 시작한다. 반면 피부나 옷을 통한 흡수는 폐를 통한 흡수에 비해 더 많은 양과 많은 시간을 들여야 같은 효과를 얻을 수 있다. 만약 카펜타닐처럼 사람의 피부에 아예 흡수되지 않는 화학물질이라면 아무 효과도 없을 수 있다.

분배는 화학물질이 인체의 어느 부위에서 작용하느냐다. 화학물질이 신경계로 침투하려면 일정 수준의 수용성 및 지용성이 있어야 한다. 카펜타닐과 사린은 지방 뇌장벽을 신속히 돌파할 수 있다. 제거는 인체가 얼마나 빨리 화학물질을 없애고 그 효과에서 회복되느냐다.

효능은 화학물질이 제 위치에서 효과를 발휘할 수 있는 능력을 말한다. 인체의 생리적 수용체에 강하게 달라붙어 작용하는 화학물질일수록 효능이 강한 것이다. 카펜타닐이 인간의 아편 수용체에 들러붙는 힘은 모르핀이나 헤로

인보다 수천 배 더 강하다. 실제로 펜타닐 계열 합성 마취제는 속효성 고효능 마취제로 개발된 것이다. 카펜타닐을 과용한 사람은 순식간에 마취되어 호흡 곤란으로 사망하게 된다.

사린의 효능은 아세틸콜린에스테라아제라는 인체의 중요 효소를 억제하는 데서 나온다. 이 효소는 호흡 같은 수의 기능은 물론, 기관지 수축 분비물이나 소변 및 대변 자제 등의 불수의 기능을 해제하는 스위치 역할을 한다. 아세틸콜린에스테라아제가 억제되면, 신경계가 과도하게 자극되고 인체는 마비된다. 호흡 역시 마비되고 폐가 제 기능을 하지 못한다. 인체에는 아세틸콜린에스테라아제가 극소량만 존재하기 때문에, 이런 효과를 내는 데 필요한 사린의 양도 극소량이면 족하다.

카펜타닐과 사린 증기에 노출된 사람이 치명적 급성 중독을 일으키는 이유는 이들 물질의 폐를 통한 흡수 속도가 빠르고, 작용할 부위로 신속히 분배되며, 효능이 크기 때문이다. 증기 형태의 독성이 갖는 힘은 치명 농도와 시간의 곱인 LCt(lethal concentration-time)라는 단위로 나타낸다. 예컨대 LCt50은 독극물에 노출된 인원 중 50퍼센트가 사망하는 수준의 독극물 농도와 노출 시간을 말한다. 사린, 즉 이소프로필 메틸포스포노플루어리데이트의 LCt50 값은 1세제곱미터당 100밀리그램×1분이다. (순수한 사린 100밀리그램이라고 해봤자 정말 작은 물방울 정도의 크기다.) 즉 사람이 1세제곱미터당 100밀리그램 농도로 살포된 사린을 흡입하고 1분 후에 사망할 확률은 50퍼센트다. 덩치가 작거나 호흡이 빠른 사람의 경우 사망률은 더욱 높아진다.

6

핵병기

6-1 핵 벙커버스터 폭탄

마이클 레비

1차 걸프전쟁에서 미군의 잠재적인 적들은 귀중한 교훈을 얻었다. 이라크군 지휘 본부, 병기고, 기타 시설을 매우 정확하게 타격한 스마트 폭탄을 통해 지상에 노출된 고정된 군사 자산들이 미군의 항공 공격 앞에서 먹잇감에 불과하다는 것을 알게 되었다. 주요 작전 기지와 병기고를 지키려면 지하의 강화 콘크리트 벙커나 경암(硬岩) 산맥 지하에 시설을 짓는 수밖에 없었다.

미군 전략가들은 이처럼 지하 깊숙이 숨은 단단한 표적들을 파괴하는 최선의 방식에 대해 '사막의 폭풍 작전'이 끝난 후에도 수년에 걸쳐 토론했다. 그들은 지하 벙커와 병기고에 대한 공격 성공률을 장담할 수 없다는 것을 너무나도 잘 알고 있었다. 게다가 공격에 성공해도 문제였다. 만약 이들 병기고에 화학 작용제나 생물학 작용제가 보관되어 있다가 공격을 받고 밖으로 새어 나오면 끔찍한 결과가 초래될 터였다.

국방 전략가들이 논의한 해결책 중에는 폭발력을 줄인 지면 관통 핵탄두를 배치하자는 안이 있었다. 이 특수 탄약은 지면을 뚫고 들어가 지하에서 폭발하므로 지하 목표에 대한 파괴력을 증대시킬 수 있으며, 방사능 낙진의 배출량도 줄일 것으로 기대되었다. 게다가 이론상으로는 핵폭발에 의한 열과 방사능이 지하 무기고의 화학 및 생물학 작용제를 전소시킬 테니, 이들 작용제가 밖으로 새어 나와 인근 주민들에게 피해를 입히는 것을 방지할 수 있다. 이른바 핵 벙커버스터라는 이 폭탄은 1990년대 내내 제안되었으나 실현되지 않았다.

그러나 2001년 12월 작성된 핵태세검토보고서(Nuclear Posture Review, NPR)가 수개월 후 언론에 유출되면서, 이러한 무기에 대한 관심이 되살아나고 있다는 것이 밝혀졌다. NPR은 미 국방부가 사용 가능한 전략적 선택을 늘리기 위해 새로운 군용 핵 기술을 연구할 것을 권했다. 미국 에너지부 산하 핵안보국(National Nuclear Security Administration, NNSA)의 지원 아래, 지면관통고강도핵무기(Robust Nuclear Earth Penetrator, RNEP) 연구에 2003년에 610만 달러, 2004년에는 750만 달러가 사용되었다. 이후 정부는 예산을 급격히 늘려, 2005~2009년에 사용된 금액은 4억 8,470만 달러에 이른다. 같은 시기에 미국 의회는 첨단개념구상(Advanced Concepts Initiative)을 승인했다. 이로써 더욱 특이하고 더욱 큰 논란을 불러올 새로운 RNEP를 연구할 수 있게 되었다. 여러 관측통들에 따르면, 예산 금액과 연구 규모로 보건대 미국 정부는 이미 RNEP의 제작을 은밀히 진행하고 있으며, 다른 유형의 핵병기 개발도 진지하게 고려 중일 가능성이 높다.

이러한 새 프로그램들은 군축론자들을 경악시켰다. 군축론자들은 그동안 다른 어느 나라보다도 핵 확산을 철저히 막으려 했던 미국의 노력이 허사가 되었으며, 다른 나라들도 이러한 미국의 행보를 따르게 될 것이라고 주장한다. 매사추세츠 주 상원의원 에드워드 케네디(Edward Kennedy)는 어느 평론에서, "핵병기는 결코 평범한 병기가 아닙니다. 핵병기를 평범한 병기로 취급하는 것은 잘못입니다"라고 경고했다. 워싱턴 D.C.에 위치한 군축운동연합(Arms Control Association)의 대표 대릴 킴볼(Daryl Kimball)은 이렇게 선언했다. "부시 행정부의 핵병기 정책은 '내 행동은 따르지 말고, 내가 하라는 대로 따르라'는 식입니다. 이는 미국이 가입한 NPT(Non-Proliferation Treaty, 핵확산금지조약)를 위배하는 것이며, NPT의 장래를 어둡게 하는 것입니다." 다른 비평가들은 소형 핵병기라는 개념은 말도 안 된다고 조롱하며, 소규모 핵폭발이 불필요한 부수 피해를 입히지 않고 좋은 결과를 얻어낼 수 있다는 주장을 납득할 수 없다는 반응을 보였다.

핵 벙커버스터에 대한 논쟁은 격렬했다. 그러나 '과연 이런 병기가 갖는 군사적 이점이 정치적·외교적 책임을 상쇄할 것인가?'에 대한 적절한 토론은 없었다. 비핵병기를 사용하는 대안은 핵 벙커버스터만큼은 아니더라도, 그에 근접하는 성과를 낼 수 있을지 모른다. 게다가 정치와 인간, 군대에 부수 피해를 훨씬 덜 입히면서 말이다.

부수 피해를 줄일 수 있는가?

일부 병기 설계사들에 의하면, 폭발력이 TNT 10~1,000톤에 해당하는 저폭발력 지면 관통 핵병기는 특유의 전술적·전략적 능력을 갖추고도 불필요한 부수 피해는 최소화할 것이다. 불필요한 부수 피해란 더 강력한 핵병기가 폭발할 때 쓸데없이 많이 나오는 방사능 낙진을 주로 가리킨다. 지면에서 폭발하는 대형 핵병기를 지하에서 폭발하는 소형 핵병기로 바꾸면 방사능 낙진이

20분의 1로 줄어들 수도 있다. 그러나 그렇다고 소형 핵병기가 '깨끗하다'는 뜻은 아니다.

이 새로운 지면 관통 핵병기는 지하 표적에 더욱 효과적이다. 지하 폭발은 폭발에 의한 지면 충격이 더 크기 때문이다. 지면이나 공중에서 폭탄이 폭발할 경우, 그 충격 대부분은 지면과 대기가 만나는 곳에서 반사되어버린다. 그래서 충격은 하늘로 퍼지면서 지하 벙커로부터 멀어진다. 그러나 동일한 폭발력의 폭탄이 지하에서 폭발한다면, 대부분 충격은 표적으로 직접 전파된다. 약간만 땅속으로 파고 들어가 폭발해도 파괴력은 크게 증가한다. 지하 1미터에서 폭발하는 1킬로톤 폭탄이 지하 기지나 보급 창고에 전달하는 충격력은 공중폭발을 하는 20킬로톤 폭탄보다 더 강하다.

얕은 지하에서 일어난 핵폭발은 거대한 크레이터를 만든다. 크레이터가 생기면서 지면에 엄청난 응력이 가해지므로 크레이터 반경 내는 물론 그 주변의 모든 시설이 파괴된다. 이 반구 모양의 살상 지대는 폭탄의 폭발력에 따라 그 크기가 다르다. 지층이 단단할수록 충격파를 더 잘 전달한다. 예를 들어 화강암 암반을 5미터 뚫고 들어간 1킬로톤급 폭탄은 지하 35미터 깊이의 벙커도 파괴할 수 있지만, 흙을 1미터 뚫고 들어간 10킬로톤 폭탄의 살상 반경은 불과 5미터다.

죽음의 비

지면 관통 핵병기는 적은 폭발력으로도 지하 표적을 파괴할 수 있는 만큼 방사능 낙진의 양도 적다. 로스앨러모스국립연구소(Los Alamos National Laboratory)의 과학자 네 명(브라이언 피어리Bryan L. Fearey, 폴 화이트Paul C. White, 존 세인트 레저John St. Ledger, 존 이멜John D. Immele)은 학회지 《비교 전략(Comparative Strategy)》에 게재한 기사에서, 지하 10미터에서 폭발하는 소형 핵폭탄은 지상에서 폭발하는 핵폭탄의 40분의 1 규모로도 동일한 효과를 거둘 수 있다고 예측했다. 이렇게 작은 폭탄이면 방사능 낙진 피해를 받는 면적을 10분의 1로 줄일 수 있다는 것이다.

그런데 이만하면 지면 관통 핵폭탄의 배치를 고려하기에 충분한가? 미 의회 기술평가국에서 발간한 〈지하 핵폭발 억제〉라는 보고서에 따르면, 1킬로톤급 핵병기에서 나오는 방사능 낙진을 완전히 억제하려면 지하 90미터의 잘 밀폐된 공동(空洞)에서 폭발이 이루어져야 한다. 그러나 오늘날 지면 관통 성능이 가장 뛰어난 미사일이라도 간출암을 불과 6미터 정도 뚫고 들어갈 수 있을 뿐이다. 게다가 프린스턴대학의 로버트 넬슨(Robert W. Nelson)이 《피직스 투데이(Physics Today)》에 기고한 글에 따르면, 탄약 소재의 강도는 이론적으로 20미터가 한계다. 물론 이러한 한계는 새로운 관통 기술에 의해 더 깊어질 수 있을 것이다. 그러나 폭탄이 지면 속으로 아무리 깊이 관통한다고 해도 관통 구멍이 남고, 그 구멍을 통해 방사능 낙진이 빠져나온다. 이러한 여러 수치들로 볼 때 핵 벙커버스터는 반드시 방사능 낙진을 일으킬 것이다. 만약 도시에서 1킬로톤급 핵 벙커버스터가 폭발한다면 방사능 낙진으로 수만 명이 사망할 것이다.

소형 핵병기는 인구가 적은 곳에서 훨씬 쓸모가 많을 것이다. 1킬로톤급 핵 벙커버스터가 깊이 10미터 미만의 땅속에서 폭발하고 풍속은 시속 10킬로미터 이하인 경우를 가정해보자. 세세한 수치는 폭발 깊이, 지형, 병기의 세부 성능에 따라 다를 수 있다. 그러나 대강의 결과는 비슷할 것이다. 폭심지 인근의 사람들을 소개하는 데 여섯 시간이 걸린다면, 계산상 폭심지에서 바람이 불어가는 방향으로 5킬로미터 이내의 사람들은 소개되기도 전에 방사능 낙진으로 거의 사망한다. 그리고 같은 방향으로 8킬로미터 이내에 있는 사람들도 절반이 죽을 것이다. 폭심지에서 최소 10여 킬로미터는 떨어져 있어야 즉사하는 사람의 수나마 최소화된다.

사상자 수가 적다고 해도, 폭심지 인근의 방대한 범위가 방사능으로 오염될 것이다. 구소련에서 체르노빌 원전 사고가 일어났을 때, 소련 정부는 사람이 견딜 수 있는 방사능 노출 기준을 정했다. 그 기준에 따라 소련 정부는 1년 동안 2렘(rem)의 방사능에 노출되는 구역을 영구 폐쇄했다. (렘은 이온화방사선에 의해 인체 전체의 조직이 손상되는 정도를 나타내는 단위다.) 소련 정부의 기준으로 볼 때, 핵 벙커버스터의 폭심지에서 바람이 불어가는 방향으로 70킬로미터까지는 임시적으로라도 사람이 모두 소개되어야 하는 곳이다. 30~70킬로미터까지는 1개월 후에 사람이 돌아와서 살 수 있지만, 15~30킬로미터까지는 1년이 지나야 사람이 살 수 있다.

핵 벙커버스터에서 나온 방사능 낙진은 미군의 작전 역시 어렵게 할 것이다. 군인은 민간인보다 더 큰 방사능 피폭도 감수할 수밖에 없다. 그러나 핵 벙커버스티는 선장 근처의 상당 지역을 아예 출입 금지 구역으로 만들어버릴 수 있다. 미군은 장병들이 견딜 수 있는 '적절한' 방사능 수치를 70렘까지로 보고 있다. 병력을 24시간 주기로 순환 근무를 시킬 때, 1킬로톤급 핵 벙커버스터의 경우 보병들은 폭격 한 시간 이내에는 폭심지에서 바람이 불어가는 방향으로 최소 15킬로미터는 떨어져 있어야 하며, 폭격 1일 이후에도 5킬로미터 이상은 떨어져 있어야 한다. 만약 병력이 '비상시' 방사능 기준인 150렘까지 견뎌야 하는 경우라면, 이 거리는 각각 10킬로미터와 3킬로미터로 줄어든다.

비핵 대안

방사능 낙진이라는 골치 아픈 문제는 필연적으로 '과연 지하 벙커를 파괴할 수 있는 비핵 대안이 있는가?'라는 질문을 야기한다. 일부 기술은 '언젠가는 결국' 실현시킬 수 있을지도 모른다. 오늘날 가장 뛰어난 벙커버스터 폭탄은 15톤의 재래식 폭약을 탑재한 대형 BLU 폭탄이다. 설령 향후 비핵 대안의 파괴력이 기하급수적으로 발전한다 하더라도, 1킬로톤급 핵병기의 파괴력조차 따라잡기 어려울 것이다.

그러나 이렇게 모자라는 파괴력을 보충하기 위해, 공학자들은 비핵탄두가 땅속 더 깊이 파고 들어가 표적 가까이에서 폭발하는 데 요구되는 지면 관통 기술을 내놓을 수 있다. 단순한 운동에너지 관통자는 매우 높은 충격 운동량이라는 힘에만 의존해 땅속으로 파고든다. 병기의 초기 운동량(=질량×속도)이

클수록, 땅속으로 파고든 병기가 멈추는 데 걸리는 시간도 늘어난다. 따라서 병기의 길이(즉 질량)나 속도를 늘리거나, 또는 둘 다 늘린다면 뚫고 들어가는 깊이도 깊어진다.

현존하는 지면 관통 미사일은 대부분 그 충돌 속도가 초속 450미터 정도로, 중력에 의해서만 얻는 속도다. 만약 로켓 추진을 더한다면 이 속도와 충격량을 두 배로 높일 수 있다. 그 결과 화강암 암반에 대한 관통력은 75퍼센트, 부드러운 흙에 대한 관통력은 약 1,000퍼센트 높일 수 있다. 하지만 대부분의 미사일 전문가는 속도를 그 정도까지 높이는 것이 타당하지 않다고 생각하는데, 탄약이 지면과 충돌하는 순간 분해되어버릴 수 있기 때문이다.

대부분의 충돌 상황에서 미사일의 길이를 두 배로 늘리면 운동량도 관통력도 두 배로 늘어난다. 그러나 현실에서 미사일의 길이는 항공기의 탑재 공간에 의해 제약을 받는 경우가 많다. 전투기에는 짧은 폭탄만 탑재할 수 있다. 더 길고 관통력이 우수한 폭탄을 탑재하려면 폭격기가 필요하다. 현재 미군에 채용된 대부분의 지면 관통 미사일은 전투기를 포함한 다양한 기종의 항공기에 탑재할 수 있어야 한다는 규정에 맞춰져 있다. 이러한 규정을 완화한다면 더욱 관통력이 우수한 무기를 개발할 수 있을 것이다.

기존 운동에너지 지면 관통 기술의 근본적 한계를 극복하는 대안으로, 능동적 장비들도 제작되고 있다. 그중 하나가 바로 2004년 현재 개발 중인 딥디거(Deep Digger)다. 딥디거의 작동 원리는 석유 및 가스 업계에서 사용하고 있는 건시 천공(dry-drilling) 기술이다. 건시 천공에서는 회전하는 금속제 헤

드가 진행 경로상의 바위를 분쇄하고, 분쇄된 바위 부스러기는 고압가스로 시추공에서 제거된다. 딥디거의 원리도 이와 비슷하지만 크기가 작다. 건시 천공에 사용되는 장비는 수천 톤에 이르지만, 딥디거의 무게는 50~100킬로그램이다. 때문에 기동성이 우수하여 지상군 또는 항공기가 목표에 투입할 수 있다. 딥디거는 자체 탄두를 탑재할 수도 있고, 아니면 탄두의 탑재 없이 별도 폭탄의 폭발을 준비만 해놓을 수도 있다. 딥디거 하나만 놓고 보면 효과가 있을 수도 없을 수도 있다. 그러나 딥디거는 혁신 기술의 잠재력을 보여준다.

재래식 폭탄의 살상 반경은 핵병기에 비해 매우 좁으므로, 비핵 대안은 지하 벙커의 위치를 자세히 알지 못하는 경우 그 효용이 한참 떨어질 수 있다. 그래서 병기 설계사들은 소구경폭탄(Small Diameter Bomb)을 개발하는 중이다. 소구경폭탄은 지하로 침투했을 때 클러스터폭탄처럼 여러 개의 탄두가 넓은 면적에 퍼져 더 큰 폭탄과 유사한 효과를 낼 수 있다.

벙커의 정확한 깊이를 잘 몰라도, 미 국방부가 얼마 전 취소한 경표적지능신관(Hard Target Smart Fuse) 같은 기술로 해결이 가능하다. 경표적지능신관은 가속도계를 사용해 표적 도착 여부를 확인한다. 탄두가 단단한 땅을 뚫고 벙커 안으로 들어가면 가속도계는 저항값의 변화를 감지하고, 신관에 격발 명령을 내린다.

이러한 관통력 증대 장치들은 분명 핵병기에도 적용될 수 있다. 그러나 재래식 폭탄이라도 표적 벙커 가까이에서 폭발한다면 충분히 표적을 파괴할 수 있기 때문에, 핵병기의 강력한 힘은 그만큼 덜 요구된다.

표적의 기능만을 마비시켜라

일각에서는 재래식 탄두에 이러한 관통력 증대 장치들을 써도 아주 깊은 곳에 위치한 강화 벙커는 파괴할 수 없기 때문에 쓸모가 없다고 주장할 수도 있다. 타당한 주장이다. 그러나 지하 수백 미터 깊이에 위치한 벙커라면 세상에서 제일 강력한 핵폭탄으로도 파괴가 불가능하다. 더구나 적의 지하 기지를 파괴하는 행위가 전략적으로 언제나 필요한 것도 아니다. 미군이 군사 정보 획득 등의 목적으로 적의 벙커를 온전한 상태로 장악하기를 원하는 경우도 많다. 이때는 벙커의 물리적 파괴보다 기능 마비를 목표로 할 것이다.

터널 입구를 차단하는 것이야말로 지하 벙커를 무력화하는 가장 쉬운 방법 중 하나다. 원거리에서 순항미사일을 발사하거나 특수부대가 폭약을 설치해 터널 입구를 봉쇄한다면, 그 안에 있는 적의 인원과 물자는 나올 길이 없어진다. 물론 터널 입구를 찾기가 어렵지 않느냐고 반문하는 사람들도 있지만, 그래도 지하 벙커 자체를 찾는 것보다는 쉽다.

적 사령부 시설의 경우 이런 출구 봉쇄 전략이 유효하지 않을 수도 있다. 설령 모든 출입구가 다 막혔더라도 통신선이 무사하다면 적 사령부로서의 기능을 이어갈 것이다. 적 사령부로 연결되는 전력망과 통신망을 파괴하거나 무력화하기 위해, 미군은 재래식 폭탄 또는 E폭탄을* 사용할 것이다. E폭탄은 강력한 극초단파 펄스를 방사한다. 이 경우에도 적 지하 벙커를 무력화하는 용도로서 핵병기가 재래식 폭탄에 비해 더 가

*고출력의 극초단파를 방사해 전자 기기를 무력화하는 전자폭탄으로, 사람에게 직접 피해를 입히지 않는 인도적 비살상 무기다.

치 있으리라고는 생각하기 어렵다.

마을을 지키기 위해 핵을 사용한다?

이 모든 비핵 기술을 보면, 핵병기가 없어도 지하의 강화 벙커와 병기고를 붕괴 또는 무력화할 수 있음을 알 수 있다. 그러나 핵 벙커버스터 찬성자들은 다음과 같은 주장으로 반박한다. 재래식 병기가 지하 병기고나 연구소를 타격하면 거기에 있던 위험한 화학 및 생물학 작용제를 밖으로 퍼뜨릴 뿐이지만 핵병기는 그것들을 완전히 소멸할 수 있고, 방사능 낙진에 의한 사상자도 화학 및 생물학 작용제의 누출로 생기는 사상자에 비하면 적으므로, 결과적으로는 부수 피해도 훨씬 적다는 것이다.

핵병기는 화학 및 생물학 작용제의 격납용기를 파괴하고 작용제를 신속히 불태워버릴 수 있다. 대부분의 생물학 작용제는 섭씨 200도의 열을 수십 밀리초만 가해도 무력화되며, 분말형 탄저균은 섭씨 250도로 가열하면 무력화된다. 핵병기는 이만한 열을 충분히 지속적으로 제공할 수 있다. 만약 생물학 작용제가 보관된 작은 벙커 안에서 핵폭탄이 터진다면, 벙커는 그 내용물과 함께 거의 확실히 소멸될 것이다. 하지만 벙커를 둘러싼 암반에서 핵폭탄이 터진다면 어떻게 될까? 이때 방사능 낙진과 함께 빠져나온 생물학 작용제는 무력화될까? 이에 대해서는 활발한 조사와 논쟁이 계속되고 있다.

반면 화학 작용제를 무력화하기는 좀 더 어렵다. 단단한 분자 결합을 파괴해야 하기 때문이다. 분자 결합을 파괴하려면 섭씨 1,000도에 최소 1초 이상 노출시켜야 한다. 핵병기의 폭심지 인근, 그러니까 1킬로톤급 핵병기의 경우 폭심지로부터 몇 미터 이내에서는 이 정도 온도가 달성될 것이다. 그러나 그보다 멀리 떨어져 있는 화학 작용제는 무력화되지 않을 수도 있다. 유감스럽게도 핵폭발은 잔류한 이들 화학 작용제를 사방팔방으로 날려 보낼 힘이 충분하다.

한편 다양한 혁신 기술들은 재래식 탄두가 화학 및 생물학 작용제를 무력화하는 성능을 높여줄 것이다. 군사 공학자들은 지하 병기고에 저장된 치명적인 화학 및 생물학 작용제가 지상으로 새어 나오기 전에 무력화하는 기술을 개발하고 있다. 이 화학 및 생물학 작용제 무력화 탄두는 보통 여러 가지 메커니즘을 함께 적용한다. 파편 소재나 클러스터식 소형 폭탄으로 화학 및 생물학 작용제가 들어 있는 용기를 깨부수고 내용물을 끄집어낸 다음, 소이탄이나 화학물질을 사용해 화학 및 생물학 작용제를 제거 또는 무력화하는 것이다.

기화폭탄(극고온의 열과 지속적인 압력을 전달한다)과 소이탄은 생물학 작용제를 무력화하는 데 필요한 200도의 열을 쉽게 지속적으로 공급할 수 있다. 그러나 이런 폭탄으로 화학 작용제를 무력화하는 데 요구되는 1,000도의 열을 공급하기는 어렵다. 그래서 화학 작용제 무력화용 탄두는 화학 작용제와 반응하여 무해한 부산물을 만들어내는 시약에 의존할 가능성이 높다.

중대 결정

지금까지 핵 벙커버스터를 사용할 때의 문제점 일부와, 가능한 대안 여러 가지를 살펴보았다. 그러나 전쟁터와 직접 연관되지 않은 의문도 있다. 그중 가장 중대한 의문은 핵실험을 재개하지 않고도 새로운 전술핵무기를 개발할 수 있느냐는 것이다.

일부 신무기 기술의 경우에는 굳이 핵실험이 필요하지 않다. 핵 벙커버스터만 보더라도 대충 만들 거라면 정밀 컴퓨터 모델, 옛 실험 자료, 비핵 현장 실험 자료 등만 가지고도 설계할 수 있다. 공학자들은 폭탄이 탄착할 때 일어나는 엄청난 감속을 제대로 이해하기 위해 핵포탄을 야포에서 쏘는 실험을 설계할 수도 있다. 그러나 군사 기획자들은 현장 실험을 거치지 않은 무기를 좀처럼 믿으려 하지 않을 것이다.

화학 및 생물학 작용제를 무력화하는 핵 기술은 거의 반드시 현실 세계에서 평가를 거쳐야 할 것이다. 설계사들은 핵폭탄이 폭발할 때 발생하는 폭풍 및 열과 목표 작용제 사이의 상호작용을 매우 자세히 알아야 한다. 벙커 파괴용 탄약은 냉전 시대에도 있었다. 그러나 화학 및 생물학 작용제 무력화용으로 설계된 탄약은 하나도 없었다. 따라서 실험 결과 데이터도 없다. 이러한 상황에서는 해당 기술 개발이 좌초될 수도 있다. 때문에 원하는 정보를 얻으려면 핵 실험을 또 하는 것 말고는 아마도 답이 없을 것이다.

핵 벙커버스터를 지지하는 사람들은 이 무기가 군대에 반드시 필요하다고 주장하고, 반대하는 사람들은 이 무기가 전혀 실용성이 없다고 주장한다. 과연 진실은? 불확실하다. 가장 뛰어난 재래식 폭탄과 비교할 때, 핵 벙커버스터는 분명 몇 가지 뛰어난 장점이 있다. 그러나 그 장점들은 지지자들이 보통 주장하는 것보다 매우 적다. 특히 혁신적인 재래식 병기들에 비하면 더 적어진다. 만약 미국의 정책 결정자들이 이러한 신형 핵병기들을 개발하기로 마음을 굳힌다면, 부디 그 결정이 근거 없는 낙관적 사고에 의한 것이 아니라 현실을 냉철하게 생각해보고 내린 것이기를 바란다.

6-2 새 핵탄두는 필요한가?

데이비드 비엘로

지금 이 순간에도 미국은 수백 발의 핵탄두와 핵폭탄을 러시아를 비롯한 여러 나라를 향해 언제라도 발사할 태세를 갖추고 있다. 1991년에 소련이 붕괴되며 냉전 시의 상호확증파괴* 정책도 사라졌지만, 미국은 여전히 약 1만 발의 핵병기를 갖추고 있다. 2007년 현재 러시아, 중국, 프랑스, 인도, 이스라엘, 파키스탄, 영국은 모두 미국의 엄연한 우방국이며, 아무리 인색한 기준에서 보더라도 선의의 경쟁국 미만은 아니다. 이들 중 러시아를 제외한 다른 나라들의 핵전력은 빈약하다. 미국과 사이가 좋지 않은 북한과 이란 역시 아직은 미국에 막대한 타격을 입힐 핵전력은 갖추지 못했다. 현재 가장 큰 핵 위협은 방사성물질을 포함한 재래식 폭탄인 속칭 '더러운 폭탄' 또는 소형 핵폭탄으로 여겨진다. 대규모 핵전력으로도 테러리스트나 비국가 정치단체들이 이런 무기를 사용하는 것을 막기는 어렵다.

*상대가 핵공격을 해올 경우 남은 핵전력으로 보복 공격을 한다는 전략으로, 서로를 인정한 상태에서 먼저 공격하지 않게 하는 일종의 핵 억제 전략이다.

미국은 모스크바에서 체결된 전략공격능력삭감조약(Strategic Offensive Reductions Treaty)에서 부과된 의무를 지키기 위해, 현역 핵병기의 수를 탄두 및 폭탄 합계 1,700~2,200발 수준으로 감축할 계획이다. 한편 미국 에너지부와 국방부는 장기 보관 중인 노후 핵병기들이 유사시 정상적으로 작동하지 않을 것을 우려해 일부를 교체하고자 한다. 그중에 제일 먼저 눈에 들어오는 것은 가용 핵탄두의 3분의 1을 차지하는 W76이다. W76 중 가장 오래된 것은 내년(2008년)에 30년의 수명주기를 초과한다. W76 핵탄두 한 발의 파괴력은 TNT 100킬로톤(10만 톤)에 해당한다. W76은 항구, 주둔지, 공장 등의 연표적(soft target)을 공략하기 위해 만들어졌다.

지난 2004년 미국 에너지부와 국방부는 고신뢰성 대체 핵탄두(Reliable Replacement Warhead, RRW) 프로그램을 시작했다. 2007년 3월, 로렌스리버모어국립연구소는 RRW 프로그램 최초 설계 경합에서 승리함으로써 20년 만에 처음 나오는 새 미국 핵탄두의 설계자가 되었다. W76을 대체하면서도 그에 비견될 만한 파괴력을 지닌 이 새 핵탄두의 이름은 RRW1이다. RRW1은 냉전 이후의 세계가 요구하는 새로운 전략적 역할을 맡기에는 부족하다. 여러 관측통들은 그러한 새 핵탄두가 필요한지에 대해서도 의문을 제기하는 실정이지만 말이다. 현재 총 2,000발의 W76이 수명 연장 프로그램을 적용받고 있다. W76을 비롯한 여러 핵탄두의 노후한 플루토늄 구성품의 신뢰성에 대해 의문을 제기하는 사람들도 있지만, 그 답은 아직 나오지 않았다.

미국의 핵병기 개발 책임을 맡은 기관은 에너지부 산하 핵안보국(NNSA)이다. NNSA는 이러한 행보에 대해 여러 가지 이유를 대고 있다. 이를테면 핵실험 재개에 따르는 위험을 피하고 싶어서, 또는 유독 물질을 사용하지 않는 새로운 병기를 제작하기 위해서다. RRW 예산은 아직 승인되지 않았으며, 미국 의회 의원들은 이 프로그램의 일부 예산을 삭감하거나 그 필요성에 대해 의문을 제기하고 있다. 그러나 비용 예측 및 생산 계획 수립은 올해(2007년) 말까지 이루어질 전망이다. 핵병기들이 계속 노후함에 따라, 미국 정부는 다음과 같은 의문들을 떨쳐버릴 수 없게 되었다. 과연 미국이 핵무장을 하고 있는 목적은 무엇인가? 미국은 어떤 핵무기를 얼마나 보유해야 하는가?

예전 것과 똑같은 새 핵탄두?

미국 정부는 새 핵탄두를 들여오려고 할 때 핵실험이 필요치 않으니까 좋다는 변명을 한다. 빌 클린턴 대통령은 1992년의 핵실험 중지를 성문화했다. NNSA 관료들은 RRW1이 기존에 실험이 끝난 핵병기를 기반으로 하지만 새로운 구성품을 사용한다는 점을 강조한다. NNSA의 정책 기획국장 존 하비(John Harvey)는 이렇게 말한다. "이 무기는 우리가 가져본 적이 없다는 점에서 신무기이지만, 기존의 군비 통제를 벗어나는 것이 아니라는 점에서는 신무기가 아닙니다. 이 무기는 기존의 무기와 동일한 형상과 기능을 갖고 있습니다."

사실 리버모어연구소의 설계가 채택된 것은 기존 핵탄두 설계에 기반을 두고 있기 때문이다. 그리고 그 기존 핵탄두는 미국이 핵실험을 중지하기 전 무려 1,000회의 핵실험을 거쳐 설계된 것이다. 이 핵탄두의 핵심 구성품인 플루토늄 용기는 "핵실험을 네 번이나 거쳐" 만들어졌다고, 리버모어연구소의 국방 및 핵 기술부 차장인 브루스 굿윈(Bruce Goodwin)은 말한다. "매우 엄격한 실험을 기반으로 설계되었기 때문에 유사시에도 기대만큼의 성능을 보장할 수 있습니다."

이 새로운 핵탄두의 작동 원리는 다른 핵융합폭탄과 같다. 핵분열성 물질 용기(1차 물질)가 폭발하면 이 폭발에서 나오는 방사능이 주변의 화합물(2차 물질)에 닿는다. 그러면 방사능이 조사된 화합물에 의해 2중수소와 3중수소 간 핵융합반응이 일어난다. 그 결과로서 열핵 폭발이 일어나는 것이다.

핵실험을 거친 핵융합폭탄 1차 물질은 몇 종류 없다. 굿윈에 따르면, RRW1에 사용된 1차 물질은 SKUA9이다. SKUA9는 가장 최근에 있었던 핵실험 프로그램 때(그래봤자 1980년대) 리버모어가 만든 예비 모델 중 하나다. 그런데 SKUA9를 만든 목적은 어디까지나 여러 2차 물질 후보들의 실용성을 검증하기 위한 것이었다고 한다. 즉 SKUA9는 이전에 결코 병기용으로 생산된 적이 없었다. 아무튼 NNSA와 리버모어에 따르면, 예전의 핵실험 데이터와 컴퓨터 모델링 덕택에 RRW1은 더 이상의 실제 핵실험이 필요 없다.

산디아국립연구소의 병기공학 및 제품구현 담당 부소장으로, RRW1을 미사일 등의 다른 병기 체계에 통합하는 임무를 맡고 있는 스티븐 로틀러(J. Stephen Rottler)에 따르면, RRW1은 개선된 설계 덕택에 W76을 능가하는 '마진'을 갖는다. (마진이란 폭발력이 약화되지 않게 하는 능력을 일컫는 '업계 용어'인데, 마진이 뛰어나다는 것은 처음 생산되었을 때건 생산된 지 오래되어 노후했을 때건 언제나 동일한 폭발력을 낼 수 있다는 얘기다.)

로틀러와 굿윈에 따르면, 이 새로운 핵탄두는 기존 제품보다 더 크고 굵고 무겁다. 또한 신뢰성도 향상되었다고 한다. 그러나 비평가들은 기존 핵병기들도 '부스트 가스'의 조성이나 전달 메커니즘을 개선함으로써 마진을 향상시킬 수 있다고 지적한다. 부스트 가스란 기체화된 2중수소와 3중수소로, 1차 물질 용기 주변에 살포되어 폭발력을 높인다. 비평가들은 현재 미국이 보유한 핵병기 가운데 폭발 시험으로 그 성능을 입증하지 않은 것은 없다는 점도 지적한다. "군 지휘관 중에 완벽히 검증되지 않은 장비에 의존하고 싶어 하는 사람이 있을까요? 이제껏 그런 사람은 아무도 없었습니다"라고, 미국과학자협회(FAS)의 핵 정보 프로젝트 부장인 한스 크리스텐슨(Hans Kristensen)은 말한다. FAS는 첫 원자폭탄을 개발한 과학자들이 1945년에 세운 단체다.

또한 프린스턴대학의 물리학자 프랭크 본 히펠(Frank von Hippel)은 이렇게 말한다. "실험을 해보기 전에는 뭘 잘못했는지 알 길이 없습니다. 기존의 핵병기들은 모두 실험을 거쳤다는 장점이 있습니다."

더욱 뛰어난 폭탄을 만들어라

병기 설계사들은 RRW1의 마진을 높인 것은 물론 또 다른 신뢰성 문제도 해결했다. 또 다른 신뢰성 문제란 다름 아닌 핵폭탄이 우발적으로 폭발하는 문제였다. 이 문제를 해결하기 위해 RRW1은 둔감 고폭탄과 첨단 보안 기술 등 강력한 신기술을 사용한다. 냉전 기간 중 미군은 하나의 병기에 다수의 탄두를 넣어 폭발력을 극대화하면서도 전체 중량을 줄여 최대 사거리를 늘리는 데 중점을 두었다. 그러나 설계사들에 따르면, 요즘 그런 설계 사상은 과거에 비해 덜 중요하게 여겨진다.

보관 취급 중인 핵탄두의 안전성을 높이는 또 다른 방법은 TATB

(triaminotrinitrobenzene) 같은 폭약을 첨가하는 것이다. 이런 폭약들은 적절한 방식으로 격발되지 않는 한 충격이나 열을 가해도 폭발하지 않는다. "우리는 둔감 고폭탄을 강화 콘크리트 벽돌담에 마하 4의 속도로 충돌시켜본 적도 있습니다만, 그래도 폭발하지 않았습니다"라고, 리버모어연구소의 굿윈은 말한다. "그만큼 안전합니다. 가솔린을 붓고 불을 붙여도 안전하고, 토치램프로 구우면 터지기는커녕 허물어집니다."

그러나 군에 있는 고객들은 그만한 안전장치는 불필요하다고 이미 마음을 굳혔다. 예를 들어 1990년대 초반 미 해군은 트라이던트(Trident) 미사일 탄두에 들어가는 재래식 폭약의 교체를 거부한 바 있다. 본 히펠의 말이다. "미 해군은 굳이 그럴 필요까지는 없다고 했어요. 안전하게 다룰 자신이 있었던 거죠."

W76에 적용되지 않은 RRW1의 또 다른 안전성 향상 기능은 PAL(permissive action link, 허가제 핵탄두 안전장치 해제 기구)이다. 이 전산 시스템은 대통령의 허가 없이는 무기를 발사할 수 없도록 한다. 하비는 이렇게 말한다. "기존 핵탄두의 보안성을 향상시키고자 한다면 개수 공사를 통해 PAL을 모두 소급 적용해야 합니다. 이 역시 핵실험 없이는 하기 어려운 작업이죠."

그러나 PAL같이 비용이 많이 드는 기능이 모든 핵탄두에 반드시 필요한가 하는 것은 답이 없는 문제다. 비평가들은 W76은 잠수함 탑재 미사일 내부나, 보안이 뛰어난 병기고에 저장되어 있기 때문에 PAL 기능의 필요성은 적다고 지적한다. 그리고 크리스텐슨에 따르면, B61 자유낙하 핵폭탄 등 다른 핵병기의 수명 연장 프로그램 때에도 암호화 기능 강화 등의 안전성 향상 조치는 있었으나, 기존에 없던 새로운 기능을 추가할 필요는 없었다. 그는 이렇게 말한다. "지난 1960~1970년대에 설계되어 처음으로 실전 배치되었을 때는 아무 안전장치가 없는 핵무기들도 있었습니다. 그런데 이 핵무기들을 버리고 새로 만들지는 않고 안전장치를 추가하는 선에서만 그친단 말이죠. 이것은 굳이 새로운 설계 없이 현재의 설계만으로도 매우 높은 안전성이 확보된다는 방증이 아닐까요?"

9·11 테러 공격 이후 미국은 핵병기 저장소의 보안을 향상시키는 데도 수백만 달러의 돈을 썼다. 하지만 미국의 핵병기를 잘못 발사할 수 있는 사람은 과연 누구인가? 이 질문 역시 아직 답이 나오지 않았다. FAS의 전략 보안 프로그램 부회장인 아이반 욀리치(Ivan Oelrich)는 이렇게 말한다. "미국 핵병기 저장소의 물리적 보안 상태가 걱정스럽다는 사람은 아직 보지 못했습니다." 미국과학진흥협회(American Association for the Advancement of Science, AAAS) 산하 핵병기시설평가위원회의 RRW 평가 전문가 패널들 역시 의견을 같이한다. 위원회는 2007년 4월 발간한 평가 보고서에서, PAL 같은 기능이 있다고 해서 총기로 무장한 경비원과 검문소로 이루어진 현행 보안 체계에 의존할 필요가 크게 줄어들었다고 볼 이유는 없다고 밝혔다.

NNSA에 따르면, PAL 같은 신기능은 이런 병기들이 트럭에 실려 다른 장소로 운반되는 비교적 길지 않은 시간 동안에나 유용하다. PAL이 탑재되어 있으면 운반 중 적에게 피탈되어도 안전하기 때문이다. "안전성을 좀 더 높이는 장치로서의 가치는 있습니다. 특히 이동 중에 말이죠." 하비의 말이다.

친환경적 핵탄두

RRW1은 병기에 자주 쓰이던 베릴륨 등의 유독성 소재도 사용하지 않았다. 불안정한 발암성 금속인 베릴륨은 핵폭발에서 방출된 중성자를 반사해 돌려보냄으로써 열핵 연쇄반응을 시작하게 한다. 굿윈은 이렇게 말한다. "중량 제한이 풀렸기 때문에, 더 무겁지만 환경 친화적인 소재를 사용할 수 있습니다. 기존의 공법에서 나오는 방사성폐기물 중 96퍼센트는 매립 처리해야 하는 유독한 것입니다. 그러나 새로운 공법에서 나오는 방사성폐기물은 독성이 없어 100퍼센트 재활용이 가능합니다."

그는 덧붙인다. "베릴륨도 사람이 먹어도 될 만큼 안전한 물질로 교체했습니다. 임플란트 소재로도 쓰이는 물질로서, 일반적인 다른 물질만큼이나 생물학적으로 안전합니다." 그 구체적인 내용은 기밀이기에, 그 물질의 구성이나 용도는 굿윈도 밝힐 수 없다. 그리고 모든 핵병기의 주원료는 플루토늄이다. 플루토늄은 부적절하게 취급될 경우 몇 시간 안에 사람을 죽일 수 있다.

신형 핵탄두 제작에는 기존의 핵병기 제작 공장의 개수도 포함된다. 예를 들면 텍사스 주 애머릴로의 팬텍스(Pantex), 미주리 주의 캔자스시티플랜트(Kansas City Plant), 테네시 주 오크리지의 Y-12 등의 공장들이다. 이들 중에는 1940년대에 지어진 곳도 있다. 굿윈은 이들 생산 공장을 '골동품'이라고 표현한다. 2007년 4월, 부시 행정부는 신형 핵탄두의 모든 구성품을 생산할 수 있는 생산 단지 건설 계획인 '콤플렉스 2030'을 공개했다. 2030이란 단지 건설이 완료되는 연도다.

AAAS의 패널에 따르면, 설령 콤플렉스 2030의 규모가 축소된다고 해도 현 인프라를 업그레이드해야 RRW 프로그램을 실행할 수 있다. 이 업그레이드에는 팬텍스 공장의 조립 및 분해 역량 두 배 이상 증강, 로스앨러모스 TA-55 시설의 플루토늄 용기 생산량 대폭 증대 등이 포함된다. TA-55는 18년 만에 처음으로 2007년 7월 새 1차 물질을 생산했다. NNSA의 운영 수석 차장보인 마틴 쇼엔바우어(Martin Schoenbauer)는 이렇게 말한다. "TA-55는 1차 물질 생산 능력이 있지만, 그 능력은 우리가 원하는 수준에 비해 너무 약합니다."

새 핵탄두가 과연 필요한가 하는 의문과는 별도로, 비평가들은 새 핵탄두 제작에 필요한 시설 투자, 그리고 현재 그 일정이 정해진 W76 등 여러 핵병기의 업그레이드 비용에 대해서도 걱정스러워한다. "핵병기의 수명을 연장하려면 1970년대에 조성된 해당 산업 단지 자체를 갈아엎어야 합니다. 그러려면 엄청난 인프라 투자가 필요합니다." 굿윈은 설명한다. "여러모로 매우 불쾌한 기술에 엄청난 투자를 하고 싶나요? 그렇지 않다면 기존 병기에 비해서 억지력이 낮고 수량도 매우 적은 병기를 유지하기 위해 가급적 작은 규모의 산업만을 유지하고 싶은가요?"

문제를 더욱 복잡하게 하는 것은 누구도 RRW1 또는 콤플렉스 2030의 총비용을 모른다는 점이다. RRW 프로그램 전체의 세부 예산안은 공학자들이 제시한 예측안들을 모두 취합한 후 올해(2007년) 말에나 나온다. 그러한 예측

안들이 나올 때까지는, 과연 2008년에 현 핵병기 재고를 유지하기 위해 요청된 65억 달러의 예산에 비해 RRW 프로그램이 예산 절감 효과가 있는가, 아니면 오히려 예산 부담을 지우는가를 알 길이 없다.

산디아연구소의 로틀러에 따르면, W76을 대체할 RRW1의 생산은 의회의 예산 배정 여부에 따라 2012년부터 개시될 수 있다. 제조업체들이 선호하는 시나리오는 RRW1로 W76의 일부 물량, 즉 개수가 필요한 물량을 대체하는 것이다. AAAS의 전문가들에 따르면, 이러한 대체 작업에는 수십 년이 걸릴 것이다. 그리고 엄청난 신규 예산도 필요할 것이다.

"올해 예산안에 NNSA는 RRW1의 최초 설계 및 개발 과정 예산으로 8,800만 달러를 청구했습니다. 그 돈이 과연 어디서 나올까요? W80 핵탄두 수명 연장 프로그램 예산을 줄여서 나옵니다." 독립 과학 연구 및 지지 단체인 참여과학자모임(Union of Concerned Scientists)의 선임 과학자인 로버트 넬슨은 말한다. "우리는 W80 핵탄두의 장기 신뢰성이 걱정스럽습니다. 하지만 [RRW 프로그램에 쓰일] 돈을 조달하려면 기존 핵탄두의 신뢰성을 유지하기 위한 중요한 프로그램을 감축해야 하는 것이죠." 그는 기존 핵병기의 유지 관리 프로그램 예산을 줄이면 다른 선택안이 없어진다고 지적한다. "그러면 돌이킬 수 없는 상황이 옵니다."

궁극적인 비용

만약 의회가 RRW 프로그램과 콤플렉스 2030을 승인한다면, 핵탄두 생산 인프라를 손보기 위해 수십억 달러가 더 필요할 것이다. 이는 해당 계획들의 지지자나 반대자나 모두 인정하는 바다. 미 국방부와 에너지부가 2007년 7월에 이들 프로그램을 제시했을 때 하원 에너지 및 수력 개발 세출 소위원회 위원들은 공화-민주 양당을 막론하고 프로그램과 그 배후의 전략에 대해 회의감을 드러냈다. 소위원회 위원장인 인디애나 주 하원의원 피트 비스클로스키(Pete Visclosky)는 서면을 통해 이렇게 말했다. "신형 핵탄두의 설계를 정하는 데는 엄청난 시간과 에너지가 투입되었지만, 왜 지금 미국이 신형 핵탄두를 만들어야 하는지에 대해서는 그리 많은 생각을 하지 않은 것 같다. 장래 미국이 해야 할 임무, 대두될 안보 위협, 전략적 목표 달성에 필요한 핵병기의 종류를 규정하는 포괄적인 국방 전략이 없다면, 의회는 RRW에 책임 있고 효과적인 방식으로 적절한 예산 배분을 할 수 없다." 그리고 리버모어연구소 측은 RRW가 기존 핵병기보다 더 오랜 세월 동안 병기고에 있어야 한다는 데 이의를 제기하지 않는다. 결국 수십 년간 RRW는 스스로 살아남기 위한 프로그램이 될 가능성이 높아지는 것이다.

W76 대체 계획은 RRW1을 사용하는 여러 대체 계획 중 첫 번째 것에 불과하다. 국방부의 핵 문제 담당 부차관보인 스티브 헨리(Steve Henry)는 채택된 설계안을 발표하는 기자회견 자리에서 이렇게 말했다. "이번 결정이 핵병기 재고 감축에 실제로 영향을 준다면, 모든 핵병기 재고에 대해 검토해야 합니다." 그리고 이는 이제까지와는 다른 연구소 우선순위와 생산 능력을 요구하게 될 것이다. 헨리는 "기술적 돌발 상황과 지정학적 환경 변화에서 오는 충격을 완

화하기 위해 반응형 인프라 구조에 의존하게 될 것입니다. 이러한 인프라 구조를 채택한다면 핵병기 수를 균형 있게 유지할 수 있습니다"라고 말했다.

하비에 따르면, NNSA는 이미 항공기 탑재에 특화 설계된 두 번째 RRW 기반 병기인 RRW2에 대한 타당성 연구를 시작했다. RRW2가 대체할 기존 핵병기는 지상기지 발사 대륙간탄도미사일(intercontinental ballistic missile, ICBM)에 탑재된 W78 핵탄두가 될 가능성이 높다고, 크리스텐슨은 말한다. 그것 역시 노후한 데다가 둔감성 고폭탄을 비롯한 여러 안전 기능이 없다. 그러나 국방부도 NNSA도 RRW가 최종적으로 몇 개나 필요할지는 말하지 않았다.

믿음직한 억지력

미국의 대체 핵병기 프로그램이 가장 큰 영향을 미친 부분은 아마도 세계 핵병기 보유 상황일 것이다. 영국, 프랑스, 러시아, 중국 역시 미국과 유사한 핵병기 현대화 프로그램을 구상 또는 실행 중이다. 그러나 미국의 RRW1 개발이야말로 전 세계에 큰 센세이션을 일으켰다. 2007년 3월 덴버에서 열린 미국물리학회 학술대회에서, 군비 통제 전문가이자 물리학자인 시드니 드렐(Sidney Drell)은 이렇게 말했다. "미국은 세계 최강국입니다. 그런 나라조차 새로운 군사적 임무에 맞는 새로운 핵병기 없이 자국의 핵심적 이익을 지킬 수 없다면, 이는 핵병기가 국가 안보에서 필수품까지는 아니라 하더라도 지극히 중요한 물건임을 다른 나라들에 매우 분명하게 전달하는 것입니다."

결과적으로 전 국무장관 헨리 키신저(Henry Kissinger)와 조지 슐츠(George

Shultz), 전 국방장관 윌리엄 페리(William Perry), 전 조지아 주 상원의원이자 상원 미군위원회 위원장 샘 넌(Sam Nunn)은 핵병기를 제거할 것을 주장했다. 그들은《월스트리트 저널》사설에 "우리의 목표는 핵병기 없는 세계다. 우리는 그 목표를 이루기 위해 온 힘을 기울일 것이다"라고 썼다.

결국 RRW 프로그램은 훨씬 근본적인 문제를 건드리고 있다. 미국은 유사시를 대비해 핵병기를 만들고 전개할 수 있는 능력을 장래에도 유지해야 하는 것이다. 하비는 이렇게 말한다. "우리는 과학자와 공학자에게 핵병기 제조법을 전수해야 합니다. 지난 냉전 시대 때 같은 일을 하던 사람들은 은퇴가 코앞입니다. 신세대가 이 일을 지금 당장 해야 구세대에게서 경험과 지식을 전수받을 수 있습니다."

미 행정관리예산국에서 예산 및 정책 분석관을 지낸 물리학자 밥 치비아크(Bob Civiak)는 이렇게 말한다. "기존 핵탄두들은 생산 공장에서 대부분의 유지 관리가 가능합니다. 그렇게 되면 연구소에서는 핵탄두에 대해 할 일이 없어지죠. 그 때문에 우리는 RRW 프로그램이 필요한 겁니다."

그렇다면 RRW 프로그램의 진정한 존재 이유는 구세대의 핵병기 관련 과학자, 공학자, 기술자를 믿음직한 신세대로 교체하고, 그럼으로써 미래에도 신형 핵병기 보유 능력을 유지하기 위함인지도 모른다. 물론 핵병기 관련 인력을 대체하는 것이 과연 필요한지는 또 다른 논쟁거리지만 말이다.

6-3 궤도상의 핵폭발

대니얼 듀폰트

1962년 7월 9일, 미국 군사 연구자들은 존스턴 섬이라는 태평양의 작은 환초에서 열핵병기를 우주로 발사했다. 스타피시 프라임(Starfish Prime)이라는 암호명이 붙은 이 발사에서는 토르(Thor) 탄도미사일을 사용했다. 이 발사는 그 4년 전부터 미 국방부에서 시작한 비밀 실험의 일환이었다. 그러나 연기를 뿜으며 하늘로 날아오르는 로켓을 바라보던 발사팀 중에서, 곧 벌어질 1.4메가톤급의 궤도상 핵폭발이 엄청나게 오래가는 결과를 초래하리라고 예측한 사람은 거의 없었다.

게다가 발사 장소에서 1,300킬로미터 떨어진 하와이의 호텔 지배인들은 멋진 쇼가 펼쳐질 것을 기대하고 있었다. 이 최신 '무지개 폭탄'의 발사 정보가 새어 나갔던 것이다. 그래서 일부 호텔에서는 이 폭탄의 폭발 장면이 잘 보이는 호텔 옥상에 파티장을 차려놓았다. 그날 저녁 핵탄두가 400킬로미터 고도에서 폭발하자, 눈부신 흰색 섬광이 바다를 비추고 하늘은 순식간에 낮처럼 밝아졌다. 그러고 나서 잠시 동안 하늘은 밝은 녹색으로 변했다.

다른 하와이 사람들은 훨씬 좋지 않은 부작용을 경험했다. 오아후 섬의 가로등들이 깜박이고, 현지 라디오 방송국에서는 전파가 나오지 않았다. 전화도 한동안 끊겼다. 태평양의 다른 곳에서도 초단파 통신망이 30초 동안 불통이었다. 과학자들은 스타피시 프라임 실험으로 폭발이 일어난 광대한 태평양 해역에 강력한 전자기 펄스(electromagnetic pulse, EMP)가 휩쓸고 지나간 것을 나중에야 알았다.

폭발 이후 몇 분 동안 청색과 적색의 오로라가 수평선에 퍼졌다. 그것까지는 과학자들이 예상했다. 예전의 궤도상 핵실험에서도 대전입자로 만들어진 구름이 우주 공간에 생겼기 때문이다. 이 에너지 구름은 지구 자기력에 의해 지구를 둘러싸는 띠 모양이 되었다. 마치 밴앨런 방사선대(Van Allen radiation belt)처럼* 말이다. 그러나 그 후 수개월에 걸쳐 벌어질 일을 예상한 사람은 거의 없었다. 이 에너지 구름의 띠 때문에 저지구궤도를** 운항하던 인공위성 일곱 대의 기능이 마비된 것이다. 이는 당시 전 세계가 쏘아 올린 인공위성의 3분의 1에 해당했다. 미국 군사 연구자들은 그해 하반기 세 건의 고고도 핵폭발(high-altitude nuclear explosion, HANE) 실험을 더 진행했다. 그러나 쿠바 미사일 위기로 미국이 대기권 핵실험 금지 조약에 서명함으로써 더는 HANE 실험이 이루어지지 않았다.

*지구 자기극 축에 대칭인, 고리 모양으로 지구를 둘러싸고 있는 강한 방사능대. 미국의 물리학자 밴 앨런에 의해 발견되었다.

**보통 지상 144~900킬로미터의 원(圓)궤도.

HANE 경보

초기의 HANE 실험 이후, 이러한 실험이 궤도상의 인공위성에 미칠 수 있는 악영향에 대해서는 일반에 잘 알려지지 않았다. 현재 인공위성은 통신, 항법, 방송, 지도 작성, 일기예보 등에 없어서는 안 되는 역할을 하고 있다. 인공위성

산업협회에 따르면, 2004년 현재 저지구궤도를 돌고 있는 상업용 및 군용 인공위성의 수는 약 250대다. 이들 대부분이 HANE에서 나오는 방사능에 무방비 상태다. 잠재 적국과 테러리스트 단체의 핵병기 및 탄도미사일 기술의 발달을 감안하면, 인공위성 시스템의 장래에 대한 걱정은 커진다. 천연자원보호협회의 핵 프로그램 선임 연구원 로버트 노리스(Robert S. Norris)에 따르면, 적절한 고도의 미국 상공에서 소형 원자폭탄이 한 발만 폭발해도 미국을 비롯한 여러 나라의 통신, 전자, 기타 모든 시스템에 엄청난 타격을 입힐 수 있다.

국가 혹은 비국가 정치단체가 HANE를 실행하기 위한 조건은 비교적 단순하다. 소형 핵병기와 탄도미사일 시스템만 있으면 된다. 미사일도 스커드(Scud) 미사일보다 조금 더 좋은 정도면 충분하다. 2004년 현재 이 조건을 갖춘 나라는 미국, 러시아, 중국, 영국, 프랑스, 이스라엘, 인도, 파키스탄 등 8개국이다. 그리고 어쩌면 북한도 이 조건을 충족시킬지 모른다. 일부 국방부 분석관들에 따르면, 이란 역시 얼마 지나지 않아 이 조건을 충족시킬 수 있다.

도널드 럼스펠드(당시는 국무장관 취임 전이었다)가 의장을 맡고 있던 미국 국가안보 우주관리 및 조직 평가위원회는 2001년에 다음과 같이 경고했다. "미국은 '우주판 진주만 공습'의 매력적인 표적입니다." 또한 이 위원회는 미국이 우주로부터 기습 공격을 당할 가능성을 파악하고, 그에 따르는 피해를 줄이기 위한 조치를 취할 것을 국가 지도자들에게 촉구했다.

미국은 장거리 미사일에 대비해 미사일 방어 체계를 구축하고 있지만, 이 체계의 효용성은 아직 검증되지 않았으며, 결코 미국 본토를 완벽히 방어할 수도 없다. 아이러니하게도 근접 신관을 장비한 요격 미사일이 적의 핵탄두 미사일을 요격하는 데 성공할 경우, HANE가 일어날 수도 있다.

2001년 미 국방부의 국방위협감소국(Defense Threat Reduction Agency, DTRA)은 여러 가상 HANE 시나리오들이 저지구궤도 위성들에게 미치는 영향을 예측하고자 했다. 결론은 충격적이었다. (히로시마에 떨어진 원자폭탄 수준인 10~20킬로톤의) 저위력 핵병기 한 발이 125~300킬로미터 상공에서 폭발할 경우, 적절한 방사능 방호 장비를 갖추지 않은 모든 저지구궤도 인공위성은 수주 내지는 수개월 이내에 무력화된다는 것이었다. 메릴랜드대학에서 미국 정부를 위해 HANE의 효과를 연구하는 플라스마 물리학자 데니스 파파도풀로스(K. Dennis Papadopoulos)는 이를 좀 다르게 표현한다. "적절한 고도에서 폭발한 10킬로톤급 핵병기는 한 달 안에 저지구궤도의 인공위성 중 90퍼센트를 무력화할 것입니다."

DTRA 보고서에 따르면, HANE는 저지구궤도의 방사선 수치를 부분적으로 3~4배까지 높여놓을 것이다. 국방부 연구단에서 거론한 모델에 의하면 이만한 방사선 수치가 2년까지 갈 수도 있다. 영향 범위 내의 모든 위성은 설계에서 허용한 수준 이상의 빠른 속도로 누적 방사능에 노출된다. 이로써 전자적 전환 속도가 느려지고 전력 소모가 커진다. 해당 연구에 따르면, 인공위성의 전자 장비 중 고도 제어용 전자 장비와 통신 연결 장치부터 망가질 것이다. 연구 보고서를 인용해본다. "결국 주요 전자 장비가 망가지고 위성의 시스템은 임무를 수행할 수 없게 된다." 방사능 방호 장비가 없는 위성 중 일부가 살아

남는다 해도 유효 수명은 크게 줄어들 것이다.

한편 높은 방사선 수치는 대체 위성의 발사도 저지할 것이다. 이 연구에서는 다음과 같은 점을 지적하고 있다. "방사능 수치가 내려갈 때까지 유인 우주 개발 계획은 1년 이상 지연될 것이다." 또한 HANE의 부작용으로 1,000억 달러 이상의 대체 비용이 발생할 것이라는 결론을 내리고 있다. 이 비용에는 주요 우주 자산의 상실로 세계 경제가 입은 타격은 포함되지 않았다. 그러나 미 하원군사위원회에서 오랫동안 미사일 방어 및 핵 방어를 지지해온 펜실베이니아 주 하원의원 커트 웰던(Curt Weldon)에 따르면, 이러한 최근의 연구에도 불구하고 HANE의 위협은 충분한 주의를 전혀 받지 못하고 있다.

지구와 가까울수록 커지는 위험

1950~1960년대 미국과 소련의 HANE 실험 말고는 궤도상의 핵폭발 사례가 없다. 따라서 오늘날 과학자들이 조사할 수 있는 사례도 그것들뿐이다. 과학자들은 핵폭발 때 생기는 불덩어리가 급속도로 팽창하는 뜨거운 기체로 이루어진 구(球)임을 알고 있다. 이 구는 초음속 충격이나 폭발파를 발생시킨다. 동시에 이 불덩어리는 열 방사능, 고에너지 X선과 감마선, 고속 중성자, 폭탄의 이온화 잔해물 같은 형태로 엄청난 양의 에너지를 사방으로 뿜어낸다. 지표 근처에서 핵폭발이 일어났을 때는 대기권이 방사능을 흡수한다. 이 과정에서 공기가 매우 뜨겁게 가열되어 불덩어리가 빛나게 되고, 공기 분자도 전자기 펄스가 생성될 정도로 약해진다. 지표 근처에서 발생한 핵폭발에 의한 파

괴는 강력한 충격파와 폭풍, 열 때문이다.

HANE의 효과는 매우 다르다. 진공의 우주 공간에서 폭발이 일어나므로 불덩어리는 지표 근처에서보다 훨씬 크고 빠르게 확대되며, 방사능도 더 멀리까지 방출된다.

파파도풀로스에 따르면, 핵폭발에서 방출되는 강력한 EMP의 구성 요소는 여러 가지다. 폭발 이후 수십 나노초까지는 핵폭발 에너지의 0.1퍼센트 정도가 강력한 감마선의 형태로 방출된다. 이 감마선의 에너지는 1~3메가전자볼트(MeV, 전자기 에너지의 단위)다. 이 감마선은 대기권으로 쏟아져 내려와 공기 분자와 충돌하고, 가진 에너지를 사용해 엄청난 양의 양이온과 (콤프톤Compton 전자라고도 불리는) 반도전자(反跳電子)를 만들어낸다. 이렇게 만들어진 메가전자볼트 에너지를 지닌 콤프톤 전자들은 가속되어 지구의 자기력선을 따라 나선 운동을 하고, 그 결과로 생겨난 일시적인 전기장과 전류는 15~250메가헤르츠(MHz, 초당 100만 회 진동) 주파수대의 전자기 방출을 일으킨다. 이러한 고고도 EMP는 지표로부터 30~50킬로미터 상공에서 발생한다.

고고도 EMP가 미치는 면적의 크기는 핵폭발의 고도와 위력에 따라 다르다. 파파도풀로스에 따르면, 고도 200킬로미터에서 1메가톤급의 핵폭발이 일어난 경우 직경 600킬로미터에 이르는 지표가 EMP의 영향을 받는다. 고고도 EMP는 1,000볼트 이상의 전위(電位)를 만들어낸다. 직시선(直視線) 내에 있는 지면의 민감한 전기 인프라를 모두 무력화할 수 있다. 파파도풀로스는 고도가 높을수록 EMP의 영향권은 축소되며 지면에 도달하는 힘도 줄어든다고 덧붙였다.

기밀 해제된 문서에 따르면, 미 정부 과학자들은 핵융합 폭탄으로 발생하는 에너지 중 최소 70퍼센트가 X선의 형태로 나온다고 추산한다. 이 X선은 감마선, 고에너지 중성자와 함께 직시선 내에 있는 모든 것을 타격한다. 폭심 근처에 있는 인공위성은 심각한 타격을 입을 수 있다. 방사능 에너지는 거리가 멀어질수록 작아지므로, 폭심에서 멀리 떨어진 인공위성의 경우 그만큼 타격을 덜 받는다.

HANE에서 방사되는 '연질' X선(저에너지 X선)은 인공위성 내부로 깊이 침투하지는 못한다. 대신 인공위성 표면에 높은 열을 발생시킨다. 이 열만으로도 내부의 민감한 전자 장비는 손상을 입을 수 있다. 연질 X선은 또한 태양전지를 열화(劣化)해 위성의 발전 능력을 저하하고, 센서 및 망원경의 조리개를 파괴할 수도 있다. 그러나 인공위성이나 기타 시스템 구성품을 타격한 고에너지 X선은 기기 내부에 강력한 전자 흐름을 일으켜 높은 전류와 전압을 발생시키고, 민감한 전자회로를 태워버린다.

그 직후에 이온화된 폭탄 잔해물들이 지구의 자장과 상호작용을 해서 자장을 폭심지에서 반경 100~200킬로미터 밖으로 밀어낸다고, 파파도풀로스는 설명한다. 이렇게 전자기장이 움직이면서 저주파 전기장 펄스가 발생하게 된다. 이 느리게 진동하는 파는 지구 표면과 전리층 사이를 계속 튕기면서 전 지구로 전파된다. 전기장의 규모가 작다고 해도(미터당 1밀리볼트 미만) 육상과 해저 전선에는 높은 전압을 일으킬 수 있고, 그 결과로 넓은 지역의 전력 회로가 망가지게 된다. 이것이 바로 스타피시 프라임 실험 직후 하와이 제도에서 일어난 정전과 전화 단선의 원인이었다.

폭발 직후의 효과 이후에는 HANE에서 방출된 고에너지 전자와 양자가 지구 자기장에 의해 가속되어 자기권으로 들어간다. 이는 지구를 감싸고 있는 밴앨런방사선대의 크기를 늘린다. 이들 대전된 입자는 자연 방사선대의 빈틈 사이로 들어가 인공 방사선대를 만든다. 이러한 현상을 니콜라스 크리스토필로스(Nicholas Christofilos) 효과라고 하는데, 1950년대 중반에 이 현상을 예견했던 과학자의 이름에서 따온 명칭이다. 1950년대 후반 미국은 '프로젝트 아거스(Argus)'라고 하는 일련의 HANE 실험을 했고, 크리스토필로스의 가설이 타당함이 증명되었다. 크리스토필로스는 인공 방사선대의 군사적 이용 가능성을 예견했다. 이것을 이용해 적의 무선통신을 차단하거나, 접근해오는 탄도미사일을 막을 수 있으리라고 여긴 것이다.

인공위성을 지켜라

미 국방부는 핵폭발로부터 지구궤도상의 자산을 지키기 위한 연구를 수십 년간 해왔다. 여러 주요 군사위성은 핵폭발에서 비교적 안전하다고 여겨지는 고궤도에 배치되었다. 또한 엔지니어들은 군사위성에 방사능 방호 장치를 장착했다. 방사능 방호 장치는 금속제 용기로서, 일종의 패러데이 새장(Faraday cage)을 형성하여 민감한 전자 기기를 보호하는 것이다. 패러데이 새장이란 외부의 전자기장을 차단하는 밀폐된 전도체 상자를 말한다. 위성 제작자들은 민감한 구성품들을 금속(주로 알루미늄)판으로 감싸 전하의 흐름을 약화한다. 이들 알루미늄 판의 두께는 0.1~1센티미터다. 지상 배치 병기, 통신 장비, 기타 주요 시스템들도 이와 마찬가지로 EMP 대응책을 갖추고 있다.

그러나 위성의 EMP 방호력을 높이는 데는 돈이 많이 든다. 방호 성능이 높아질수록 그만큼 돈도 많이 들고 방호용 재료도 많이 들어간다. 그리고 위성의 무게가 무거워지면 발사 비용도 늘어난다. 인공위성의 단가는 수백만 달러에 이른다. 그런 위성의 EMP 방호력을 높이려면 이미 설계 단계부터 단가가 2~3퍼센트는 비싸진다. 미 국방부의 자료도 그 점을 증명하고 있다. 일각의 추측에 따르면, 인공위성에 EMP 방호판과 강화된 구성품을 탑재하는 비용과 그에 따라 늘어난 무게로 증가한 발사 비용을 모두 계산할 때 위성 단가는 총 20~50퍼센트나 비싸진다. 마지막으로 자연 방사선보다 약 100배는 더 강한 HANE 방사선을 견딜 수 있는 전자 구성품의 작동 대역폭은 상용 프로세서의 10분의 1밖에 되지 않는다. 이 때문에 운영비는 몇 배로 비싸질 수 있다.

그러나 방호판의 역할에도 한계는 있다고, 파파도풀로스는 지적한다. 설계사들에 따르면, HANE의 방사능이 불러올 수 있는 최악의 문제는 메가전자볼트 에너지 전자가 일으키는 과 유전체 대전(deep dielectric charging)이다. 이 파괴적인 현상은 고에너지 입자가 우주선의 외벽 또는 방호판을 뚫고 들어와 유전체로 이루어진 미세 전자 기기 또는 태양전지의 반도체 소재에 박힐 때 일어난다. 이러한 침입자들은 가짜 시스템 전압과 재해적인 방전을 일으킨다. 파파도풀로스는 금속제 방호판의 두께가 1센티미터를 넘으면 전자기 보호 능력이 급속도로 떨어진다고 설명한다. 두꺼운 방호판에 고에너지 입자가 부딪히면, 강력한 전자기 제동복사가 일어나면서 막대한 피해가 초래될 수 있다는 것이다. (제동복사는 대전된 입자가 다른 것과 부딪쳐 급제동이 걸리면서 일어난다.)

위성 방호 체계를 만드는 맥스웰테크놀로지스(Maxwell Technologies) 사의 래리 롱든(Larry Longden)은 다른 방식의 위성 방호도 가능하다고 말한다. 위험한 방사능을 탐지하는 센서를 설치할 수 있다. 이런 센서가 설치된 위성은 방사능을 감지한 경우 방사능이 다 지나갈 때까지 컴퓨터 프로세서와 전자회로를 차단할 수 있다. 하지만 민간용 위성의 방호 체계는 어떨까? 전략예산평가센터의 선임 연구원인 배리 와츠(Barry Watts)에 따르면, 2004년 현재까지 미 국방부는 위성 제조사들에게 민간용 위성의 방호 태세를 향상시킬 것을 권고하지만 누구도 듣지 않고 있다.

HANE 이후 사후 처리

만약 오늘날 적이 궤도상에서 핵폭발을 일으키는 데 성공한다면, 미국은 그 장기적 영향을 감소시킬 방법이 없다. 그러나 현재 연구되고 있는 '청소(cleanup) 기술'이 언젠가는 그 일을 해낼 것이다. 자연적인 속도보다 더 빠르게 유해 방사선을 제거하는 기술을 연구 중이라고, 미 공군연구소의 프로그램 매니저인 그레그 지넷(Greg Ginet)은 말한다. 이 연구소의 연구원들은 DARPA가 후원하는 다른 연구 기관들과 함께, 우주 공간에 초저주파(very low frequency, VLF)를 발사해 궤도상의 잔여 방사능을 더욱 빨리 제거하는 방법의 타당성을 조사 중이다.

파파도풀로스는 이 기법의 원리를 이해시키기 위해 비유를 들었다. 지구의 방사선대는 구멍 난 양동이와도 같다. 지구 자력은 그 양동이에 '플라스마'라는 에너지 입자들을 들이붓는다. 양동이에서 플라스마가 새어 나가는 속도는 인근 VLF(1헤르츠~20킬로헤르츠) 전자기파의 진폭에 비례한다. 핵폭발이 일어나면 양동이는 흘러넘칠 정도로 꽉 차며, 인공적 방사선대가 생긴다. 그렇다면 자기권에서 플라스마를 더욱 빨리 없애기 위해 방사능이 대기권으로 누출되는 속도를 높여야 한다. 이는 양동이에 난 구멍을 넓히는 작업이라는 것이다.

과학자들에 따르면, 방사선대에 VLF를 발사하도록 제작된 인공위성을 대량으로 띄우는 것도 방법이다. 이를 위해 DARPA와 미 공군은 알래스카 주 가코나에 있는 HAARP(High-frequency Active Auroral Research Project, 고주파 활성 극광 연구 프로젝트) 시설에서 VLF 발신기를 실험하고 있다. HAARP는 전리층 연구 전용 프로젝트다. 더 정확히 말하자면, 전리층을 인공적 수단으로 조작하는 방법을 연구하는 프로젝트다. 이 시설은 확장되고 있는데, 미 국방부의 지구 방사선대 대전입자 수 감소 가능성 실험도 확장 이유 중 하나다.

HAARP 연구자들은 전 지구 방사능 경감 시스템에 몇 대의 위성이 필요한지를 알아내려고 한다. 이들의 연구는 1970~1980년대에 스탠퍼드대학에서 했던 연구의 후속이다. 당시 스탠퍼드대학의 과학자들은 남극 인근에 설치한 발신기를 이용해 밴앨런대에 VLF를 발사했다. 이 VLF는 밴앨런대에 갇힌 전자에 의해 크게 증폭되기도 했나. 갇힌 전자가 가지고 있는 자유에너지가 VLF 증폭의 원인이라고, 파파도풀로스는 지적한다. 이러한 공진 기반 과정은, 위글러(wiggler) 자석이 전자를 가속시켜 싱크로트론(synchrotron) 방사를 일으키는 자유전자 레이저에서 나타나는 전자 자극 효과와 비슷하다.

이러한 증폭 현상이 바로 HAARP의 핵심이다. 다수의 인공위성이 방출한 VLF파를 자연적인 수단을 이용해 증폭한다면, 미국이 필요한 VLF파 방출 위성의 개수는 크게 줄어들 것이며 예산도 수십억 달러나 절감될 것이다. 국방부의 연구자들은 이러한 증폭 효과를 통해 필요한 위성의 수를 기존의 100대 이상에서 10대 이하로 줄일 수 있음을 입증했다.

과학자들은 이 시설이 극저주파(extremely low frequency, ELF) 및 VLF파를 방사선대에 발신할 수 있음을 입증했다. 이는 극광 전자류의 흐름을 주기적으로 바꿈으로써 가능한데, 극광 전자류란 100킬로미터 상공의 전리층에 존재하는 자연 전류이다. 상공에 가상 ELF와 VLF 안테나를 만드는 이러한 변조는 주기적으로 고주파 발신기를 켜고 끔으로써 플라스마 흐름의 온도와 전도성을 바꾸기 때문에 가능하다. 연구자들은 완공된 HAARP 시설이 VLF 증폭을 통한 방사능 감소 계획의 타당성을 검증하는 데 충분한 출력을 낼 수 있을 것으로 보고 있다. 지넷에 따르면, 2000년대 후반에 이러한 가설을 입증하기 위한 우주 실험이 진행될 것이다. 사용 가능한 지상 또는 위성 시스템은 그러고 나서 수년 후에야 나올 수 있을 것이다.

위험의 거리는?

HANE는 여러 지정학적 시나리오에 의해 발생할 수 있다. DTRA 연구에서는 특정 국가가 전투 의지를 보이거나 공격에 대한 억지력을 발휘하기 위해 HANE를 이용할 가능성이 크다고 보았다. DTRA는 군사 전략가들이 사용하는 언어와 모델링 기술을 통해, 2010년을 배경으로 두 가지 주요 시나리오를 만들었다. 그중 첫 번째 시나리오는 카슈미르 영유권을 놓고 파키스탄과 분쟁 중이던 인도가 기갑부대로 파키스탄 영토를 침공하는 데서 시작한다. 이에 파키스탄 정부는 뉴델리 300킬로미터 상공에서 10킬로톤 핵폭탄을 폭발시키는 것으로 응수한다. 이만하면 인도에 막대한 피해를 입히는 동시에 파키스탄이 유사시 더 강력한 핵 공격도 할 수 있음을 알리는 데 적절한 고도다. 두 번째는 다른 국가의 침공 위기를 느낀 북한의 지도자들이 결사 항전의 의지를 보이기 위해 자국 상공에서 핵폭탄을 폭발시킬 것을 명령한다는 시나리오다. 미국 미사일 방어 체계는 부스터 로켓을 요격하는 데 성공했으나, 싣고 있던 핵탄두는 150킬로미터 고도에서 폭발하고 말았다.

국방 감시 단체 글로벌시큐리티(Globalsecurity.org)의 운영자인 존 파이크(John Pike)는 북한이 만든 지 얼마 안 된 핵병기를 우주에서 실험한다는 시나리오를 예측했다. "대부분 사람들은 북한이 핵실험을 지하에서 할 거라고 생각하죠. 하지만 저는 그렇게 보지 않습니다."

전문가들은 또 다른 가능 시나리오들을 예상하고 있다. 그중에는 미국 상공에서의 핵폭발도 포함되어 있다. 자국에서 핵을 발사해 미국 상공에서 폭발시킬 능력이 있는 나라는 극소수이므로, 이런 공격이 시도될 가능성은 비교적 희박하다. 그러나 해상의 기동 플랫폼에서 원시적인 미사일에 소형 핵탄두를 실어 발사하기만 해도 미국에 큰 타격을 줄 수 있다. 이런 상황이 일어날 가능성을 점치기란 매우 어렵다. 하지만 그에 따른 피해는 결코 무시해도 좋을 수준의 것이 아니다.

HANE가 초래하는 막대한 위험에 덧붙여, 적절한 대응에 관한 문제도 있다. 미국이나 그 동맹국이 직접 핵 공격을 받는다면 즉각 군사적 대응을 해야 한다는 여론이 비등할 것이다. 그러나 HANE에 대해서는? 이 문제를 '윤리적 딜레마'로 부르며 수년 동안 숙고해온 웰던은 한마디로 답이 없다고 말한다. 그는 이렇게 말한다. "적국이 우주 공간에서 핵탄두를 폭발시켰다고 해서, 그 나라에 쳐들어가 사람들을 죽이는 것이 도덕적 관점에서 정당한 걸까요? 심지어 핵병기로 보복하는 것은요? 아마도 둘 다 안 될 겁니다."

7

스타워즈 : 궤도로부터의 공격

7-1 우주 전쟁

테레사 히친스

故用兵之法 高陵勿向 背丘勿逆

(고로 군대를 운용하는 법은, 고지의 구릉에 있는 적을 향하여 공격하지 않으며, 언덕을 등진 군대를 공격하지 않는 것이다.)

-《손자병법》(중국의 전략가 손자가 BC 500년경에 쓴 병법서)

"고지를 점령하라!" 이 말은 고대부터 현재까지 변하지 않는 전투의 금언이다. 그리고 인간과 기계가 우주로 나갈 수 있게 된 오늘날, 전 세계의 장군들이 지구궤도를 현대전의 새로운 '고지'로 여기는 것도 이상한 일은 아니다. 그러나 최근까지 우주의 병기화를 막는 규범은 정해지지 않았다. 심지어 비핵위성요격 시스템이나 비핵병기의 궤도상 배치를 금지하는 국제조약이나 국제법도 없었다. 세계 각국은 어지간하면 이런 병기를 보유하는 것을 기피해왔다. 엄청난 돈이 드는 우주 군비 경쟁이 일어나 국제적 힘의 균형이 깨질까봐 두려웠기 때문이다.

각국 간의 그러한 합의는 오늘날 깨질 위험에 처해 있다. 2006년 10월, 미국의 부시 행정부는 새로운 국가우주정책을 채택했다. 애매모호한 말로 이루어진 이 정책에서는 미국의 '우주 통제' 권리를 주장하고 있다. 그리고 '미국의 우주 접근 또는 이용을 금지하거나 제한하는 새로운 법적 제도 또는 그 밖의 규제'를 거부하겠다는 내용도 포함되어 있다. 그로부터 3개월 후 중화인민공화국은 노후한 자국산 펑윈(風雲) 기상위성을 격추함으로써 전 세계를 놀라게 했다. 궤도상에 우주 쓰레기를 대량으로 흩뿌린 이 행위에 대해 국제사회는 크게 반발했다. 미국의 군부와 정계의 인사들 역시 분노했다. 20여 년 만에 처음으로 발사된 이 위성요격 전용 무기 덕택에 중국은 미국과 러시아연방에 이어 위성요격 기술을 시연한 세 번째 나라가 되었다. 여러 관측통들은 이 실험이 우주 전쟁 시대의 서막일지도 모른다고 여기고 있다.

비평가들은 우주 전쟁 수행 능력을 개발한다고 해서 한 국가의 안보 상태가 더 나아진다는 보장이 없다는 견해를 굽히지 않고 있다. 무엇보다도 인공위성은 물론 궤도상의 무기들은 그 속성상 발견 및 추적이 비교적 쉽다. 때문에 어떤 방어책을 쓴다고 해도 격추당할 위험성 역시 높다. 게다가 위성요격 시스템 개발은 돈이 엄청나게 들어가고 통제 불능의 상태가 될지도 모르는 군비 경쟁을 유발할 것이 거의 확실하며, 이 군비 경쟁에는 다른 나라들도 틀림없이 참여할 것이다. 그리고 실제로 우주전이 벌어지지 않는다고 하더라도, 우주전을 수행하는 데 필요한 기술을 실험하는 데만도 엄청난 양의 우주 쓰레기가 발생해 지구궤도상에 흩뿌려질 것이다. 인공위성과 유인우주선은 초속 8킬로미터 이상의 속도로 지구궤도를 돈다. 이들 인공위성과 유인우주선이 우주 쓰레기와 충돌한다면 위성 기반 원격 통신, 기상 예보, 정밀 항법은 물론 군의 지휘 통제까지 심각한 악영향을 받을 것이다. 결국 세계 경제는 1950년대 수준으로 후퇴할 수도 있는 것이다.

7-1

돌아온 '스타워즈'

우주 시대의 초기부터 군사 전략가들은 위성요격 병기와 우주 배치 병기를 구상하기 시작했다. 우주라는 가장 높은 고지를 군사적으로 이용하기 위해서였다. 아마도 그 구상 가운데 제일 볼 만했던 것은 (비평가들이 '스타워즈'라고 부르며 조롱했던) 전 미국 대통령 로널드 레이건의 전략방위구상(Strategic Defense Initiative, SDI)이었을 것이다. 그러나 미국의 군사 전략에서는 이런 우주병기의 사용을 진지하게 고려한 적이 없었다.

전통적으로 우주병기란, 지구에서 직접 발사되거나 궤도에 머물면서 우주공간에서 작전하는 파괴용 체계로 정의된다. 여기에는 위성요격 병기, 지상발사 레이저와 여기서 나온 레이저를 지평선 너머로 보내는 비행선(또는 위성) 장착 반사경으로 이루어진 레이저 체계, 우주에서 포탄 또는 에너지빔을 발사하는 궤도상의 플랫폼 등이 망라된다. (한 가지 주의해야 할 점은 모든 국가가 약속이라도 한 듯이 이른바 고고도 핵폭발이라는 제4의 위성요격 병기는 사용을 피하고 있다는 것이다. 여기서 나오는 전자기 펄스와 강하게 대전된 입자들은 궤도상의 거의 모든 인공위성과 유인우주선을 무력화할 것이다.)

그러나 우주병기에 대한 정치적 반대에 부딪혀보지 않은 나라는 거의 없다. 최근 우주병기의 일부 지지자들은 필자가 앞서 말한 오래된 우주병기의 정의에 우주를 통로로 사용하는 두 가지 기존 기술을 포함시키려고 한다. 대륙간탄도미사일(ICBM)과 지상 배치 전자전 시스템이 바로 그것이다. 이들의 존재로 인해, 아니 최소한 이들을 우주병기라고 친다면, 우주병기 체계를 구축해야 하는가 하는 문제는 고려할 가치가 없어진다. 요컨대 바뀐 정의에 의하면 우주병기는 이미 존재하는 것이다. 그러나 우주병기에 대한 정확한 정의야 어찌 되었건 간에, 우주병기가 초래할 의문은 워싱턴의 싱크탱크들과 군사 기획자들이 이미 예전부터 가져왔던 것이다. 그 의문은 '궤도상에서 발사되는 위성요격 병기를 한 국가의 군사력으로 여기는 것이 과연 바람직하거나 타당한가?' 하는 것이다.

막후에서 논의되던 이 문제는 미국의 국가우주정책과 중국의 위성요격 병기 실험으로 더욱 시급해졌다. 미국의 여러 군사 지도자들은 중국의 실험에 위기감을 나타냈다. 이들은 장차 중국이 대만과 분쟁이 생겼을 때 저지구궤도상의 미국 위성들을 위협할 수 있다고 우려했다. 2007년 4월, 당시 미 공군 참모총장이던 마이클 모즐리(Michael Moseley)는 중국의 위성요격 실험을 지난 1957년 소련의 스푸트니크 위성 발사에 비유했다. 스푸트니크 위성 발사는 냉전기 군비 경쟁에 불을 붙인 사건이었다. 모즐리는 또한 미 국방부도 위성 방어 시스템을 검토하기 시작했다고 폭로하면서, 우주 공간은 이제 '분쟁 지역'이 되었다고 설명했다.

의회의 반응은 예상 가능한 정치적 수준을 벗어나지 않았다. 애리조나 주 상원의원 존 카일(Jon Kyl)을 비롯한 보수적 '대중국 강경파'는 중국에 대항할 수 있는 위성요격 병기와 우주 배치 요격 수단을 당장 개발해야 한다고 주장했다. 한편 매사추세츠 주 하원의원 에드워드 마키(Edward Markey) 등의 온건파는 모든 우주병기를 금지하기 위한 협상을 하자고 부시 행정부에 요청했다.

국제 파워 게임

하지만 어쩌면 더 큰 고민거리는 따로 있는지도 모른다. 중국과 지역 패권을 놓고 경쟁하던 인도를 포함한 여러 나라들이 우주에서의 공격력과 방어력을 확보해야 한다고 느낀 것이다. 한 예로 미국 군사 관련 업계지인 《디펜스 뉴스》에서는 익명의 인도 국방 관료의 발언을 인용했다. 인도는 이미 운동에너지 및 레이저 기반의 위성요격 병기를 자체 개발하기 시작했다는 것이다.

인도가 우주 군비 경쟁에 뛰어든다면, 그다음 차례는 인도 최대의 라이벌인 파키스탄이다. 파키스탄 역시 인도와 마찬가지로 뛰어난 탄도미사일 프로그램을 보유하고 있으며, 그중에는 위성요격용으로 쓸 수 있는 중거리 미사일도 있다. 그러면 아시아 3위의 강대국인 일본 역시 우주 군비 경쟁에 돌입할 수 있다. 2007년 6월, 일본 국회는 후쿠다 정권이 내놓은 '군용 및 국가 안보용' 위성 개발 허가 법안을 심의하기 시작했다.

러시아의 경우는 어떤가? 중국이 위성요격 실험을 하자 당시 러시아 대통령 블라디미르 푸틴은 우주의 병기화를 반대하는 입장을 거듭 천명했다. 그러나 동시에 그는 중국의 행동을 비판하지 않고 오히려 미국을 비난했다. 미사일 방어 체계를 만들려는 미국을 비난하면서, 우주에서 군사적 우위를 점하려는 미국의 계획이 오늘날 중국의 행보를 불러왔다고 지적한 것이다. 그러나 러시아는 우주개발 강국답게 국가 안보 체계에 위성을 사용하고 있으므로, 중국의 행보를 보고 우주 군비 경쟁에 뛰어들어야 한다는 압박감을 강하게 받았을 것이다.

갈수록 많은 나라가 우주개발 사업에 뛰어들고 있다. 활발한 우주개발 전략을 옹호하는 사람들은 우주의 병기화는 필연적이며, 미국은 우주 군비 경쟁에서 압도적인 화력으로 최고의 지위를 차지해야 한다고 주장한다. 그들은 위성요격 병기 및 우주 배치 병기가 미국의 군용 및 상업용 위성을 지켜줄 뿐 아니라, 장차 미국의 적이 전선에서 전투력을 향상시키기 위해 우주를 이용하는 것을 막아줄 것이라고 주장한다.

그러나 우주 군비 경쟁은 힘의 균형을 깰 것이며, 국제분쟁의 위험성 또한 높일 것이 확실하다. 우주건 어디서건 이런 막무가내식 경쟁에서는 당사자들 간 힘의 균형이 유지될 수 없다. 설령 강대국 사이에 힘의 균형이 이루어진다고 해도, 그 강대국들이 그 상태를 인정한다는 보장은 없다. 한 나라가 다른 나라에 비해 스스로가 처진다고 느끼는 순간, 그 나라는 상황이 더 나빠지기 전에 선제공격을 하고 싶은 충동을 강하게 느낄 것이다. 아이러니하게도 스스로 다른 나라보다 앞서 나간다고 생각하는 나라 역시 마찬가지다. 그 나라는 다른 나라들이 자국 수준을 따라잡기 전에 선제공격을 하고 싶은 충동을 강하게 느낄 것이다. 결국 우주 군비 경쟁은 사소한 기술적 실수가 전투로 이어질 확률을 높여갈 것이다. 무엇보다도 우주 공간에서는 고의적 행동과 우발적 사고를 확실히 구분하기가 매우 어렵다.

운동에너지 요격 수단

미군과 미국 정보기관 및 독립 전문가들의 평가에 따르면, 중국은 자국 기상

위성을 2단 중거리 탄도미사일에 탑재된 운동에너지탄으로 격추시켰을 가능성이 크다. 기술적으로 볼 때 이런 직접 상승 위성요격 병기는 가장 만들기 쉽다. 현재 저지구궤도(고도 100~2,000킬로미터)에 도달할 수 있는 중거리 미사일을 보유한 국가나 컨소시엄은 약 10여 개다. 이들 중 8개국은 정지궤도(고도 3만 6,000킬로미터)에까지 도달할 수 있는 미사일을 보유하고 있다.

그러나 운동에너지 요격 수단을 만드는 데 진짜 난관은 발사 능력이 아니라, 탄을 목표에 정확히 명중시키는 데 필요한 정밀한 기동 능력과 유도 기술이다. 중국이 이만한 기술을 얼마만큼 습득했는지는 미지수다. 격추시킨 기상위성은 아직 가동 상태였기 때문에, 중국 관제사들은 그 정확한 위치를 알고 있었다.

지상 배치 레이저

중국의 직접 상승 위성요격 병기 실험이 있기 얼마 전인 2006년 9월, 중국은 미국 첩보 위성에 지상 배치 레이저를 쏘려고 했다. 중국 정부는 위성의 눈을 멀게 하거나 다른 손상을 입히려는 의도였을까? 누구도 알 수 없다. 미국 정부 내에서도 중국의 의도에 대한 해석이 분분했다. 어쩌면 중국은 저출력 레이저 거리측정 스테이션망의 미국 인공위성 추적 능력을 시험해보고 싶었을 뿐이었는지도 모른다.

그래도 이 실험은 충분히 도발적이었다. 인공위성은 전자 기기를 '구워버려야' 무력화되는 것이 아니기 때문이다. 1997년 미 육군의 MIRACL(midinfrared advanced chemical laser, 중적외선 첨단 화학 레이저) 시스템 실험에서는 광학 이

미지를 수집하는 위성에 저출력 레이저를 쏠 경우 일시적으로 기능이 마비된다는 것이 입증되었다. 특히 다른 위성이 이런 공격을 해올 경우에는 더욱 위험하다.

지난 1970년대부터 미국과 구소련은 레이저 기반의 위성요격 병기를 실험하기 시작했다. 양국의 공학자들은 저지구궤도에서 비행하는 위성을 확실히 격추할 수 있는 지상 배치 레이저 시스템을 구축하는 데 따르는 많은 문제점에 주목했다. 이러한 시스템들은 '적응형 광학기기'에 의해 유도된다. 적응형 광학기기란 대기의 왜곡에 따라 계속적으로 스스로를 보정할 수 있는, 변형이 가능한 반사경을 의미한다. 그러나 고출력 레이저를 발사하려면 엄청나게 큰 에너지가 필요하다. 그리고 레이저는 연기나 구름을 뚫고 나가면서 분산 및 희석되는데, 이 과정에서 레이저의 사거리와 효율이 저하된다. 또한 표적에 손상을 입히기에 충분한 시간 동안 지속적으로 레이저를 조사하는 것도 어렵다.

SDI를 개발하는 동안 미국은 하와이에서 여러 차례의 레이저 실험을 했으며, 위성 장착 반사경에 레이저를 반사시키는 실험도 있었다. 레이저 실험은 뉴멕시코 주 커트랜드 공군기지의 스타파이어 광학 병기 사격장에서 계속되었다. 2004~2007 회계연도의 국방부 예산 문서에는 스타파이어 연구의 목표로 위성요격 작전이 명시되어 있었다. 그러나 의회가 조사에 들어가자 2008 회계연도부터 위성요격 작전이라는 말이 사라졌다. 스타파이어 시스템에는 레이저 빔의 폭을 좁혀 출력 밀도를 높이는 적응형 광학기기도 포함되어 있었다. 이러한 기능은 영상 촬영이나 추적에는 필요 없는 것으로, 스타파이어가 병기로 사용될 수 있음을 강하게 암시한다.

연구가 수십 년간 진행되어왔음에도 불구하고, 전투에 투입 가능한 지향성 에너지 병기가 나오려면 아직도 오래 기다려야 할 것 같다. 한 예로 2003년에 나온 미 공군의 어느 기획서를 보면, 대기권을 뚫고 저지구궤도 위성을 일시적 또는 영구적으로 무력화할 수 있는 지상 배치 레이저 무기는 2015~2030년에나 나올 수 있을 것으로 예상하고 있다. 그리고 2008년 현재의 연구 상황으로 보건대, 이 예측도 상당히 낙관적인 것이다.

공동궤도 위성

공격형 마이크로위성이라는 또 하나의 위성요격 기술은 최근 센서의 소형화, 컴퓨터 성능의 발전, 로켓 추진기의 효율성 향상에 힘입어 그 실현 가능성이 높아지고 있다. 그 잠재력을 보여준 사례로는 미 공군의 실험용위성시리즈(experimental satellite series, XSS) 프로젝트가 있다. 이 프로젝트에서 개발하고 있는 마이크로위성들은 더 큰 위성들을 상대로 자율 근접 임무를 수행하는 것을 목표로 삼고 있다. 이 프로그램에서 개발한 최초의 두 마이크로위성인 XSS-10과 XSS-11은 각각 2003년과 2005년에 발사되었다. 이들 위성의 표면적 목적은 더 큰 위성을 관찰하는 것이다. 그러나 더 큰 위성에 충돌 공격을 벌일 수도 있고, 폭발물이나 지향성 에너지 병기(전파 교란 체계 또는 고출력 극초단파 발신기)를 탑재할 수도 있다. 공군 예산 관련 문서에 따르면, XSS 사업은 군용 레이저 및 극초단파 체계 연구인 첨단 병기 기술 프로그램에 연결되어 있다.

냉전 기간 중 소련은 공동궤도 위성요격 체계를 개발 및 실험했으며, 이 체계를 운용 중이라고 발표하기도 했다. 공동궤도 위성요격 체계란 미사일을 이용해 목표 위성이 있는 저지구궤도로 들어가는, 폭발물 탑재 기동형 요격기를 말한다. 이 병기는 사실상 일종의 지능형 '우주 기뢰'다. 그러나 이 병기가 마지막으로 시연된 것은 1982년의 일이며, 아마 현재는 사용되고 있지 않을 것이다. 오늘날의 위성요격 체계는 예상 표적들과 겹치는 궤도상에 대기하고 있는 마이크로위성을 사용할 가능성이 높다. 이들 마이크로위성은 유사시 표적에 근접할 경우 명령에 의해 작동될 것이다.

2005년 공군은 ANGELS(autonomous nanosatellite guardian for evaluating local space, 국지 우주 상태 평가용 자율 나노위성 보호 장치)라는 프로그램을 발표했다. 공군에 따르면, 지구 정지궤도상의 아군 위성에게 '일정 범위 내' 우주의 '상황을 전파'하고 '이상 징후를 특정해주는' 것이 이 프로그램의 목표다. 그리고 이 프로그램의 예산 수준을 보면, '고가치 우주 자산의 방어 능력'을 확보하는 데 주안점을 두고 있다고 생각된다. 그 방어 능력에는 직접 상승 물체 또는 공동궤도 물체 탐지용 경보 센서가 포함되어 있다. 이러한 '보호용' 나노위성들도 적 위성에 가까이 다가가면 '공격용'으로 전용될 수 있다는 것은 불을 보듯 뻔하다.

그런 유의 병기는 얼마든지 있다. 파샛(Farsat)이라고도 불리는 '기생 위성'은 지구 정지궤도상의 표적을 추적하거나 표적에 달라붙을 수도 있다. 기생 위성은 2001년 도널드 럼스펠드의 우주위원회 보고서 부록에서 다음과 같이 언급되었다. "(아마도 많은 마이크로위성을 내부에 수납한 상태로) 표적에서 멀리 떨어진 '저장(storage)' 궤도에 위치하며, 유사시 표적을 격추하기 위해 기동할 준비가 되어 있다."

마지막으로 공군은 얼마 전 우주에 배치하는 전파 병기 체계를 제안한 적이 있다. 이 병기는 고출력 전파 발신기를 부착한 위성군(群)으로, 국가 수준의 지휘 통제 체계를 교란 또는 파괴하거나 무력화할 능력이 있다.

2003년부터 나온 미 공군의 계획서들을 보면, 이런 기술은 2015년 이후에나 현실화될 것으로 내다보고 있다. 그러나 외부 전문가들에 따르면, 궤도상에 배치하는 전파 병기 및 극초단파 병기는 이미 기술적으로 실현 가능하며, 가까운 미래에 실전 배치될 가능성이 있다.

우주 폭격기

우주병기의 정의에 딱 들어맞지는 않지만, 미 국방부의 공동 비행체/극초음속 기술 비행체(Common Aero Vehicle/Hypersonic Technology Vehicle, 이른바 CAV) 역시 우주병기를 논할 때 빼놓을 수 없다. 이 비행체는 ICBM과 마찬가지로 우주 공간을 경유해 지상의 목표물을 타격한다. CAV는 무동력이지만 기동성이 뛰어난 극초음속 활공 비행체로, 장래 나올 극초음속 우주기(宇宙機)에서 전개되어 대기권으로 돌입한 뒤 지상의 목표물에 재래식 폭탄을 투하할 수 있다. 의회는 얼마 전 이 프로젝트에 대한 예산을 승인했다. 하지만 우주 군비 경쟁을 부추기지 않기 위해, CAV 무기 탑재 관련 연구는 허가하지 않았다. 공학자들이 CAV 프로그램의 핵심 기술을 꾸준히 발전시키고 있지만, CAV 및 그 우주 모기(母機)가 실현되려면 수십 년은 족히 걸릴 것이다.

의회 일각에서는 CAV 설계에 민감한 반응을 보이고 있다. 비슷한 목표를 추구하는, 다른 논란 많은 우주병기와 유사한 구석이 있기 때문이다. 그 다른 병기란 궤도상의 플랫폼에서 지상을 향해 고속으로 발사되는 막대기 묶음이다. 공군의 전략가들은 수십 년에 걸쳐 지하 강화 벙커와 대량 살상 무기 창고 같은 지구상의 표적을 파괴할 수 있는 궤도 배치 병기를 구상해왔다. 흔히 '신의 막대기'라고 불리는 이 병기는 직경 30센티미터, 길이 6미터의 대형 텅스텐 막대기다. 이 막대기는 궤도상의 우주선에서 투하되어 엄청난 속도로 표적에 유도된다.

그러나 고비용과 물리학 법칙은 그 병기의 타당성을 낮추고 있다. 신의 막대기는 대기권에 거의 수직으로 재돌입할 때 발생하는 공기 마찰에도 변형되거나 타버리지 않아야 하는데, 이는 엄청나게 어려운 기술적 과제다. 계산에 따르면, 비폭발성 막대기는 재래식 탄약에 비해 더 효과적인 부분도 없다. 게다가 그 무거운 신의 막대기를 궤도상에 올리는 비용은 상상을 초월한다. 때문에 끊임없이 많은 관심을 받아왔음에도 신의 막대기는 아직 공상과학소설의 영역에서 벗어나지 못하고 있다.

우주병기 배치의 난점들

그렇다면 미국(그리고 다른 나라들)은 왜 온 힘을 다해 우주병기를 개발하고 배치하지 못하는가? 그 원인은 세 가지다. 정치적 반대, 기술적 난점, 고비용이다.

군사 전략에 과연 우주전을 포함시켜야 하는가? 여기에 대한 미국 정계의 주장은 크게 양분되어 있다. 무엇보다도 위험성이 너무 크다. 군비 경쟁의 일반적 불안정성에 대해서는 이미 앞서 지적한 바 있다. 게다가 핵무장국 사이의 안정성 문제도 있다. 조기 경보 위성 및 첩보 위성은 핵 기습 공격의 공포를 감소시키는 데 오래전부터 중요한 역할을 해왔다. 그러나 위성요격 병기가 이들 위성을 무력화한다면, 그로 인한 불확실성과 불신감은 순식간에 파국으로 이어질 가능성이 크다.

우주병기가 가진 기술적 난점 중 제일 큰 것은, 앞서도 지적했듯이 우주 쓰레기의 증가다. 미 공군과 NASA 및 셀레스트랙(CelesTrak, 독립 우주 감시 웹사이트)의 조사에 따르면, 중국의 위성요격 실험에서 야구공 이상 크기의 우주 쓰레기가 2,000여 점이나 발생했다. 이들 우주 쓰레기는 고도 200~4,000킬로미터 상공에 위치해 지구궤도를 돌고 있다. 그 밖에도 직경 1센티미터 이상의 우주 쓰레기 15만 점이 더 발생했다고 한다. 궤도를 도는 우주선의 속도는 매우 빠르기 때문에, 이런 작은 우주 쓰레기도 충분히 위협적이다. 그리고 저지구궤도에 있는 직경 5센티미터 미만의 우주 쓰레기, 또는 지구 정지궤도에 있는 직경 1미터 미만의 우주 쓰레기는 지상 관제소에서 제대로 관찰하거나 추적할 수 없다. 따라서 그런 우주 쓰레기와 위성이 충돌하는 것을 방지하기도 힘들다. 실제로 중국의 위성요격 실험에서 발생한 우주 쓰레기를 피하기 위해 미국 위성 두 대가 궤도를 바꿔야 했다. 만약 우주에서 본격적인 전투가 벌어진다면? 그렇다면 지구궤도에 우주 쓰레기가 난무해 위성이 운행할 수 없을 것이다.

또한 궤도상에 병기들을 배치하는 데 따르는 기술적 난점도 많다. 우선 이 병기들은 다른 위성들과 마찬가지로 우주 쓰레기, 각종 발사식 무기, 전자기 신호, 미소 유성체 등 외부 물질에 취약할 수밖에 없다. 이들로부터 우주병기를 방호하는 것은 사실상 불가능할지도 모른다. 방호 체계는 부피와 무게가 많이 나가서 발사 비용을 크게 늘리기 때문이다. 또한 우주병기는 대부분 무인 자율작동식이 될 텐데, 이는 작동 오류와 고장의 가능성이 크다. 우주병기의 궤도는 예측하기가 쉬우므로 적에게 숨기기도 어렵다. 그리고 저지구궤도의 위성은 목표 상공에 몇 분 정도만 체공할 수 있기 때문에, 특정 목표에 지속적으로 화력을 쏟아부으려면 매우 많은 위성을 투입해야 한다.

마지막으로 우주에 병기를 올려놓고 운용하는 데 드는 비용은 엄청나다. 저지구궤도에 1파운드(454그램)짜리 물체를 올려놓는 데 드는 비용은 2,000~1만 달러, 같은 무게의 물체를 지구 정지궤도에 올려놓는 데 드는 비용은 1만 5,000~2만 달러에 이른다. 그리고 우주병기는 7~15년마다 교체해주어야 하며, 궤도상에서 수리하는 데도 상당한 비용이 든다.

우주전의 대안

우주전은 국가 안보 및 국제 안보에 이만큼 위험하다. 또한 엄청난 기술적 난점과 재정적 문제를 극복해야 한다. 그런 점을 감안할 때 활발하게 우주개발에 나서는 국가들은 우주에서의 군비 경쟁을 막는 것 말고는 다른 방법이 없을 것 같다. 미국은 위성들의 약점을 줄이고, 위성 서비스 의존도를 낮추는 대안을 찾으려 하고 있다. 그 밖에 우주개발이 가능한 다른 국가들 대부분도 다자간 외교 및 법적 수단을 모색 중이다. 선택권은 다양하다. 위성요격 병기 및 우주 배치 병기를 금지하는 국제조약에서부터, 투명성과 상호 신뢰를 구축하는 자발적인 수단까지 말이다.

부시 행정부는 우주병기에 대한 어떠한 협의도 거부하고 있다. 다자간 우주병기 금지 조약을 반대하는 사람들의 주장에 따르면, 다른 나라들(특히 중국)은 조약에 서명은 해도 비밀리에 우주병기를 만들 것이다. 그런 조약 위반은 적발할 수가 없기 때문이다. 또한 그들은 다른 나라들이 우주로 손을 뻗쳐 전투력을 확장해가는데 미국만 가만히 있어서는 안 된다고 주장한다.

우주병기 금지 국제조약에 찬성하는 사람들은 이런 조약이 제대로 기능하지 못할 경우 진짜 기회비용이 발생할 수 있다는 반론에 직면한다. 우주에서 군비 경쟁이 벌어질 경우 미국을 비롯한 모든 나라의 국가 안보가 위태로워진다. 또한 각국의 경제적 역량을 한계점까지 몰고 갈 것이다. 우주병기 금지 국제조약을 찬성하는 사람들 역시 그 이행 여부를 완벽히 입증할 수 있는 조약을 만들기가 매우 어렵다는 점은 인정한다. 우주 기술은 군사적 용도는 물론 민간 용도로도 쓰이는 데다가, 기존의 다른 조약들도 이행 여부를 엄격히 입증할 것을 요구하지는 않기 때문이다. 그 좋은 사례가 생물학무기 금지 협약이다. 하지만 가까운 미래에 등장할 수 있는, 이를테면 (교란형이 아닌) 파괴형 위성요격 체계 같은 가장 위험한 우주병기의 실험과 (배치가 아닌) 사용을 금지하는 조약이라면 그 이행 여부를 쉽게 알 수 있다. 이런 무기의 실험과 사용에서 나오는 우주 쓰레기는 지상에서도 쉽게 관측할 수 있기 때문이다. 게다가 이런 조약의 조인국은 자국의 모든 우주 발사가 지상에서 추적당할 수 있으며, 궤도상에 올려놓은 의심쩍은 물체는 바로 다른 나라들의 의심을 사게 됨을 알 것이다. 이러한 명백한 조약 위반에 따르는 국제적 반발은 조약을 위반하려는 각국의 의지를 억지할 수 있다.

그러나 새로운 다자간 우주 조약의 완성은 1990년대 중반부터 지체되고 있다. 미국은 우주병기 금지 조약 협의를 시작하려는 UN 제네바 군축회의를 저지하고 있다. 중국 역시 이 문제에 대해서는 결코 타협하지 않으려 하고 있다. 따라서 우주개발국 간의 자발적 신뢰 구축, 우주 교통관제, 우주 윤리 강령 같은 중재 수단은 통하지 않고 있다.

우주 전쟁은 피할 수 있다. 그러나 최근 미국과 중국의 호전적인 우주 정책 채택으로 전 세계가 갈림길에 다가가고 있음은 분명해졌다. 각국은 궤도상 병기의 실험과 사용을 금지해야 자국의 이익을 지킬 수 있음을 알아야 한다. 지난 반세기 동안 이루어진 인류의 평화적 우주개발이 지속될지 여부는 각국의 손에 달려 있다. 그런 우주개발이 지속되지 않을 가능성은 높지만, 그것은 결코 모두가 받아들일 수 있는 결말도 아닐 것이다.

7-2 광선병기의 실현

스티븐 애슐리

오랫동안 공상과학 작품에서만 볼 수 있었던 광선총이 몇 년 안에 미군의 무기고에 들어올 수도 있다. 여러 방위산업체의 공학자들은 트럭 크기의 '레이저 포' 체계를 구성하는 핵심 시제품들의 시험을 성공리에 마쳤다. 이런 무기들은 항공기, 군함, 기갑 차량에서 발사되어 연막과 안개를 뚫고 몇 킬로미터 떨어진 표적을 파괴할 수 있다.

뉴멕시코 주 앨버커키에 위치한 미 국방부의 고에너지레이저합동기술국(High-Energy Laser Joint Technology Office) 국장인 마크 니스(Mark Neice)에 따르면, 그 출력이 수백에서 수천 킬로와트에 달하는 고출력 레이저는 재래식 발사병기에 비해 여러 장점이 있다. "표적을 매우 정확하게, 그것도 빛의 속도로 타격할 수 있습니다. 부수 피해도 거의 없습니다."

과거에는 지나치게 낙관적인 예측 때문에 "레이저는 미래의 무기다. 그 미래는 결코 오지 않지만"이라며 조롱을 받기도 했다. 하지만 지금은 레이저가 드디어 현실화되고 있다. 니스는 이렇게 말한다. "이제 조금만 더 기다리면 공격 및 방어 목적으로 사용할 수 있는 군용 지향성 에너지 병기가 양산될 것입니다."

2006년과 2007년에 노스롭그루먼, 텍스트론, 레이시언, 로렌스리버모어국립연구소의 연구자들은 미 육해공군의 자금 지원을 받아 전기로 작동되는 솔

* 벌크 결정(bulk crystal)을 이득매질(gain medium, 빛을 증폭시켜 레이저로 만드는 물질)로 사용하는 고체 레이저(solid-state laser).

리드스테이트 벌크 레이저(solid-state bulk laser)* 연구에 큰 성과를 거두었다. 차량의 발전기, 연료전지, 배터리 등에 연결해 쓸 수 있는 솔리드스테이트 레이저의 평균 출력은 100킬로와트 이상이다. 사실상 거의 무제한으로 쓸 수 있는 이 레이저는 5~8킬로미터 거리에서 접근하는 박격포탄, 야포탄, 로켓탄, 미사일 등을 매우 저렴한 발사 비용으로 격추할 수 있다. 이러한 시스템은 전자광학 센서 및 적외선 센서를 무력화하며, 지뢰와 IED도 안전거리에서 제거할 수 있다.

이러한 고에너지 레이저 기기의 핵심 부품은 레이저 광자를 증폭시키는 물질인 이득매질이다. DVD 플레이어를 비롯한 여러 소비자 가전제품에 들어가는 레이저다이오드에서는 반도체 층이 전하에서 나온 빛을 증폭시킨다. 노스롭그루먼 우주기술 사업부의 지향성 에너지 기술 및 제품 부장인 재키 기시(Jackie Gish)에 따르면, 솔리드스테이트 벌크 레이저의 이득매질은 몇 제곱센티미터 면적의 정사각형(또는 직사각형) 판 모양을 하고 있다. 이 판은 야그(YAG, yttrium-aluminum-garnet) 같은 세라믹 재질로 되어 있으며, 표면에는 희토류원소인 네오디뮴이 발라져 있다. 레이저다이오드 스택은 전기적 점화를 일으키는 대신 이득매질을 광학적으로 자극한다. 보통 이 이득매질 판이 클수록 출력이 높아진다.

텍스트론의 응용기술 분야 부사장인 존 보네스(John Boness)에 따르면, 각 연구팀은 서로 다른 방식으로 이 판들을 연결해 수십 킬로와트급 출력의 레이저 사슬을 만들었다. 이 글이 쓰이고 있는 2008년 현재, 공학자들은 이러한 사슬들을 직렬 또는 병렬로 연결하면 100킬로와트의 출력을 낼 수 있으리라고 예상하고 있다. 이만한 출력이면 본격적인 군용 레이저의 시작 단계에 해당한다. 그 외에도 니스는 작동 시간 300초(충분히 연사가 가능한 시간), 전기의 17퍼센트 이상을 광학 에너지로 변환시킬 수 있는 효율, 그리고 무엇보다도 충분한 양의 광자를 표적에 전달하여 표적 외부를 가열시켜 파괴하거나 항로를 벗어나게 할 수 있는 충분한 수준의 '빔 품질'(특히 초점 잡기) 등의 성능을 내는 것을 목표로 하고 있다고 말한다.

판 레이저가 이러한 성능을 충족시킬 때 차량에 탑재 가능할 만큼 작은 병기 체계로 만들어내느냐 하는 데 실전 투입 가능 여부가 달려 있다고, 보네스는 설명한다. 솔리드스테이트 벌크 레이저는 1,000킬로와트 이상의 재사용 가능한 전원 외에도, 판을 냉각시켜주는 냉각장치도 필요하다. 판이 과열될 경우 빔이 왜곡되기 때문이다. 또한 광자를 표적에 정확히 보낼 광선 지향기도 필요하다. 광선 지향기는 대형의 기동식 반사경으로, 적응형 또는 변형 가능 광학 장비가 달려 있어 대기의 왜곡에 대응할 수 있다. 대기의 왜곡은 '감지용' 저출력 레이저 광선으로 감지한다. 마지막으로 레이더 또는 광학 조준 시스템을 사용해 원하는 표적을 발견 및 추적하고 조준한다.

효과적인 광선병기는 전쟁에 혁명을 불러올 것이다. 그러나 이 모든 장비를 커크 선장이 들고 다니는 광선총 안에 욱여넣는 일은 아직은 공상과학에서나 가능하다.

8

테러리즘

8-1 핵 테러리즘을 막아라

알렉산더 글레이저·프랭크 본 히펠

제2차 세계대전 말기, 일본 도시 히로시마를 괴멸시킨 원자폭탄 '리틀보이'에는 연쇄반응 우라늄 60킬로그램이 들어 있었다. 리틀보이가 히로시마 상공에서 폭발할 때, 이 우라늄(미임계 질량) 중 일부는 비교적 간단한 포신형(砲身形) 기폭 장치를 사용해 나머지 일부에 충돌하게 되었다. 이로써 우라늄 235가 초임계 상태에 도달해 폭발하고, TNT 15킬로톤의 화력을 발생시킨 것이다. 그로부터 며칠 후 나가사키에 떨어진 원자폭탄은 우라늄이 아닌 플루토늄을 싣고 있었으며, 기폭 장치도 훨씬 더 복잡했다.

그 후로 60년 동안, 극소수의 핵무장국에서 만든 핵병기는 10만 발이 넘는다. 그리고 몇 번의 핵전쟁 위기도 있었다. 하지만 히로시마나 나가사키와 비슷한 파괴는 아직 일어난 적이 없다. 그러나 오늘날 두려운 새 위협이 몰려오고 있다. 알카에다 같은 준국가 테러리스트 조직이 고농축우라늄(highly enriched uranium, HEU)을 입수해 원시적인 포신형 기폭 장치를 결합하고, 이렇게 만든 핵병기를 도시에서 사용할 가능성이 그것이다. HEU는 연쇄 핵반응을 유지할 수 있는 우라늄 235 동위원소로, 농축되어 있기 때문에 무게로 따지면 일반 우라늄보다 20퍼센트 이상 무겁다.

포신형 기폭 장치를 지닌 원자폭탄을 만드는 데 필요한 공학적 지식은 그리 까다롭지 않다. 리틀보이를 설계한 물리학자들도 실제로 사용하기 전에 굳

핵폭탄의 대략적 구조

테러리스트가 고농축우라늄(HEU) 60킬로그램을 입수한다면, 제2차 세계대전 말기 일본 히로시마를 초토화한 '리틀보이' 원자탄(아래 그림)과 비슷한 핵폭탄을 만들 수 있다. 미임계의 우라늄을 탄환 모양으로 만들고, 이를 밀폐된 원통(포신) 한쪽 끝에 적절한 양의 추진제와 함께 둔다. 나머지 미임계 우라늄은 포신 반대편 끝에 둔다. 추진제를 격발시키면 우라늄 탄환이 포신을 따라 전진해 반대편에 있는 우라늄에 충돌한다. 합쳐진 두 우라늄은 초임계 상태에 이르러 폭발적인 핵연쇄반응을 일으킨다.

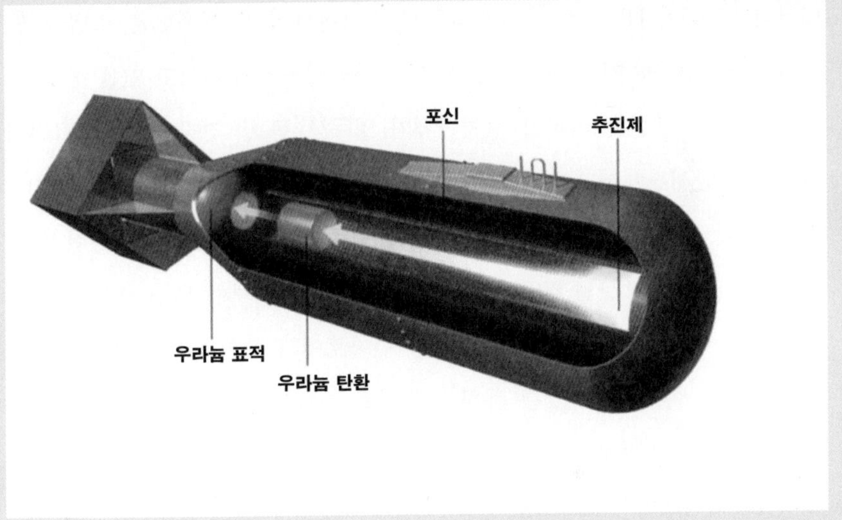

이 실험해보지 않았을 정도다. 포신형 기폭 장치가 작동하면 폭탄은 확실히 폭발한다고 굳게 믿었기 때문이다. 그래서 전문가들은 부유한 테러리스트 그룹이라면 포신형 기폭 장치를 만들 수 있으리라고 생각하고 있다. 일각에서는 테러리스트들이 HEU 저장고에 침투해 즉석에서 급조 핵폭탄을 조립한 후, 경비원들이 대응하기 전에 폭발을 일으킬 가능성까지 우려하고 있을 정도다.

물론 HEU 생산은 비국가 정치단체가 엄두도 못 낼 만큼 어렵다. 그러나 훔치거나 암시장에서 구입하는 등의 방식으로 획득하는 것은 어렵지 않다. 2005년 말 현재 전 세계에는 냉전 시대에 주로 미국과 소련에서 생산한 HEU 1,800톤이 있다. 오늘날 HEU는 군용 및 민간용 시설에서 모두 쓰이고 있다. 이 가운데 민간 시설에서, 특히 연구용 원자로에서 쓰이는 물량에 주안점을 두고자 한다. 민간용 HEU를 특히 걱정하는 이유는 군용 HEU에 비해 경비 상태가 부실하기 때문이다. (참고로 발전용 우라늄 연료의 농축 상태는 병기용 우라늄 연료에 비해 좋지 않아, 무게도 원래 우라늄에 비해 3~5퍼센트 정도만 더 무겁다.)

민간용 HEU 물량은 50여 톤 정도로, 세계 곳곳의 원자로 약 140기에서 과학 및 산업 연구 또는 의료용 방사성동위원소 생산에 사용되고 있다. 이런 원자로들은 종종 시가지에 있으며, 보안 시스템과 경비 인력은 최소한인 경우도 많다. 더욱 걱정스러운 것은 러시아의 HEU 원자로들이다. 러시아에는 전 세계 HEU 원자로 중 약 3분의 1, 전 세계 민간용 HEU의 절반 이상이 있기 때문이다.

보안 상태를 개선하는 것은 중요하다. 그러나 장기적 관점에서 봤을 때 핵 테러리즘의 위협을 줄이는 가장 효과적인 방식은 HEU의 사용을 줄이고 기존의 재고도 없애는 것이다. 재고 HEU는 희석해서 우라늄 238로 만들어야 한다. 우라늄 238은 235에 비해 더 흔하게 볼 수 있는 동위원소로, 연쇄반응 유지가 불가능하다. 이렇게 만들어진 저농축우라늄(low-enriched uranium, LEU)은 방사능 물질 함유량이 우라늄 235의 20퍼센트 미만으로, 병기용으로 사용할 수 없다.

오늘날 전 세계의 여러 민간 현장에서 HEU를 보유하고 있는 것은 지난 1950~1960년대에 미국과 소련이 '원자력의 평화적 이용'을 위해 경쟁적으로 HEU를 보급했기 때문이다. 냉전기의 두 초강대국은 수백 기의 연구용 원자로를 제작했고, 자국의 정치적 영향력을 높이고 원자로 기술을 보급하기 위해 약 50개국에 연구용 원자로를 공급하기도 했다. 이후 유효기간이 더 긴 핵연료를 찾는 수요에 맞추기 위해 핵연료의 수출 규제도 완화되었다. 이 때문에 대부분의 연구용 원자로에는 미·소가 핵병기용으로 대량 제작한 폭탄급 HEU가 연료로 들어가게 되었다. 이 고농축 핵연료는 약 90퍼센트가 우라늄 235로 이루어져 있다. 2005년 말 현재, 수출된 병기용 HEU 중 10톤가량이 비핵무장국에서 여전히 사용되고 있다. 포신형 원자폭탄 150~200발을 제조할 수 있는 양이다.

원자로 개조

미국 정부는 1970년대부터 그전 20년간 수출된 연구용 원자로 핵연료의 병기화 전용을 막기 시작했다. 그중 주목할 만한 것은 지난 1978년 에너지부가 시작한, 연구 및 실험용 원자로 핵연료의 농축도 감소(Reduced Enrichment for Research and Test Reactors, RERTR) 프로그램이다. LEU를 연료로 사용할 수 있게 기존의 미국 설계 원자로를 개조하는 것이 이 프로그램의 내용이다. 2005년 말 현재, 이 프로그램에 의해 41기의 원자로가 개조되었다. 이들 원자로는 매년 미국에서 약 250킬로그램씩의 병기용 HEU를 연료로 공급받아 왔다.

현재 그 외에도 원자로 42기의 HEU 연료 교체가 진행 중이거나 예정되어 있다. 유감스럽게도 약 10기의 고출력 연구용 원자로는 LEU 연료를 사용하도록 개조할 수 없다. 현재의 LEU 연료로는 그 원자로들의 제작 목적에 맞는 성능을 낼 수 없기 때문이다. 이 10기의 원자로는 매년 400킬로그램의 HEU를 소모한다. 이들은 대개 중성자의 흐름을 극대화할 수 있도록 설계된 소형 노심(爐心)을 갖추고 있다. 그럼으로써 고방사선 상태가 필요한 중성자 산란 실험이나 소재 실험을 진행할 수 있다. 현재의 LEU 기반 연료로는 HEU에 맞게 설계된 소형 노심을 제대로 작동시킬 수 없다.

고출력 원자로를 개조했을 때 나타나는 부작용을 최소화하기 위해, RERTR 연구자들은 기존의 HEU 연료와 동일한 기하학적 구조와 수명을 갖춘 LEU 연료를 만들고자 한다. 그러나 이 작업에는 엄청난 공학적 문제가 따른다. LEU 연료의 우라늄 235 원자 하나에는 우라늄 238 원자 네 개가 딸려 있다. 따라서 연료 요소 설계자들은 연료의 크기를 확장하지 않은 채, LEU 기반 연료 요소의 우라늄 양을 다섯 배로 늘려야 한다. 수년에 걸친 연구 끝에 신세대 고밀도 핵연료 제조 방식이 완성을 앞두고 있다.

병기용 핵연료의 회수

1990년대 들어 미국은 러시아와 함께 재고 HEU를 확보 및 제거하는 작업을 시작했다. 러시아와 구소련 지역의 여러 나라에서 새 HEU 연료 도난 사건이 벌어지면서 이 작업에는 박차가 가해졌다. 관계 당국은 도둑맞은 HEU를 회수한 후에야 사건이 벌어졌음을 발표하는 경우가 많다. HEU가 얼마나 도난당했는지 아는 외국인은 없다. 아마 러시아인들 중에도 그걸 아는 사람은 없을 것 같다.

미국은 러시아에서 도난 위험에 놓인 민간용 HEU의 양을 제한하기 위해 지난 1999년 핵연료 밀집 및 보존 프로그램을 시작했다. 잉여의 러시아 민간용 HEU 17톤을 확보해 희석하는 것이 초기 목표다. 2005년 말까지 약 7톤이 우라늄 235 20퍼센트 농도로 희석되었다.

이미 '사용된' HEU 연료를 신경 쓰는 활동도 있다. 사용이 끝난 핵연료가 제거될 때면 원래 있던 우라늄 235 중 약 절반이 원자로 속 핵분열 연쇄반응으로 소모되지만, 남은 우라늄 중 최대 80퍼센트는 여전히 우라늄 235다. 히로시마 원자폭탄에 쓰였던 핵연료와 동일한 우라늄 235 농도다.

사용이 끝나 원자로에서 제거된 핵연료의 경우 몇 년은 그냥 놔둬도 도난으로부터 안전하다. 방사능이 워낙 강하기 때문에 훔치려고 손을 댄 사람은 몇 시간 만에 사망하기 때문이다. 원자력 관련 노동자들이 이런 핵연료를 취급할 때는 방사선 차폐 처리가 철저히 이루어진 곳에서 원격으로 해야 한다. 그러나 이렇게 높은 방사능 수치도 시간이 갈수록 떨어진다. 사용이 끝나 원자로에서 제거된 지 25년이 지난 5킬로그램 연구용 원자로 핵연료의 방사능에 아무 보호 장치도 없는 사람이 1미터 거리에서 피폭될 경우, 다섯 시간은 피폭되어야 그 치사율이 50퍼센트가 된다. 국제원자력기구(International Atomic Energy Agency, IAEA)의 전문가들에 따르면, 이 정도의 방사능은 그 자체로 보호력이 있을 만큼 강하다고 볼 수 없다.

갈수록 시급해지는 문제

전 세계에 산재해 있는 사용된 HEU 연료들은 자체 보호력이 갈수록 감소되고 있지만 여전히 위험하다. 이 문제를 해결하기 위해 지난 1996년 미국 정부는 미국산 HEU 연료를 가져갔던 나라들에게, 사용된 연료 중 두 가지 일반적인 종류를 반납해달라고 요청했다. 6년 후 미국은 러시아 및 IAEA와 공조해, 러시아산 HEU 연료(사용품 및 미사용품)를 러시아로 반납시켰다. 하지만 2005년 말 현재까지의 진행 상황은 그저 그렇다. 사용된 미국산 HEU 연료 중 현재까지 반납된 것은 약 1톤 정도이고, 나머지 10톤은 여전히 해외에 있다. 사용되지 않은 HEU 중 현재까지 러시아에 반납된 것은 0.1톤이다. 러시아산 HEU 2톤(사용품과 미사용품 모두 포함)은 여전히 다른 나라에 있다. 미국에 반납된 연구용 원자로 핵연료 사용품은 사우스캐롤라이나 주와 아이다호 주에 있는 미 국방부 시설에 저장되어 있다. 러시아는 사용된 핵연료에서 HEU를 분리한 다음 이를 희석해 원자력발전소용 저농축 핵연료로 만들고 있다.

9·11 테러 공격 이후, 일부 비정부 기구와 미국 의회 의원들은 전 세계에 흩어져 있는 민간용 HEU를 더 빨리 수거하라고 국방부를 압박했다. 전 로스 앨러모스국립연구소 병기 설계사인 시어도어 테일러(Theodore B. Taylor)는 1970년대 초반부터 핵 테러리즘의 위험을 경고해왔다. 그리고 9·11 테러 공격은 전 세계에 퍼져 있는 민간용 HEU를 제거하기 위해 조속히 행동을 취해야 한다는 그의 주장에 큰 힘을 실어주었다. 이에 미 국방부는 세계위협감축구상(Global Threat Reduction Initiative)을 내놓았다. 앞서 설명했던 프로그램의 범위를 확장하고, 그 진행 속도를 가속화하기 위함이었다. 2005년 말 현재의 목표는 러시아산 비조사(非照射) HEU 연료와 HEU 연료 사용품을 각각 2006년 말과 2010년 말까지 러시아로 반납시키며, 미국산 HEU 연료 사용품은 2019년까지 미국으로 반납시킨다는 것이다. 2014년까지 미국의 모든 민간 연구용 원자로를 LEU를 사용하도록 개조하는 것 또한 이 계획의 목표다.

이로써 HEU 작업의 일부는 더욱 활발해졌다. 2005 회계연도의 관련 예산도 전년에 비해 25퍼센트가 상승한 7,000만 달러로 늘어났다. 그러나 이조차도 수십억 달러 규모의 미사일 방어 체계 및 국토 안보 능력 증진 사업에 들어가는 예산에 비하면 약소하다. HEU 제거 계획은 그 중요성에 비해 비용이 적게 든다. 이를 좀 삐딱한 시선으로 보면 역대 행정부 고위층 가운데 이 계획을 시지하는 인사가 전혀 없었고 의회의 극소수 의원만이 지지하는 이유를 조금이나마 알 수 있다. 에너지부 장관, 그리고 의회의 주요 관련 소위원회 위원장들은 다른 대규모 예산 프로그램과 싸우는 데 대부분의 시간을 할애하고 있다.

러시아는 상황이 더욱 나쁘다. 러시아 정부는 테러리스트들이 핵병기용 핵물질을 입수할 위험을 크게 신경 쓰지 않는 것 같다. 자국의 연구용 원자로를 LEU용으로 개조하고 있지도 않다. 유감스럽게도 부시 대통령조차 러시아를 압박하는 것을 그만두었다. 부시 대통령과 러시아의 블라디미르 푸틴 대통령은 2005년 2월의 정상회담에서, 제3국에 대한 미-러 HEU 제거 작업을 제한하기로 합의했다. 외국인들을 러시아 핵시설로 데려오는 프로그램에 대한 푸틴 행정부의 반감은 갈수록 커지고 있다. 특히나 그런 프로그램들이 러시아에 큰돈이 되지 않는다면 더더욱 그렇다.

러시아에서는 여전히 HEU 제거 프로젝트가 진행 중이고, 그 방식은 상향식이다. 현지의 프로젝트 대표자들은 HEU를 제거하기 위해 러시아 핵시설과 개별 협상하며, 이들 시설이 러시아 정부로부터 HEU 제거에 필요한 허가를 받아내는 것은 또 별도의 문제다. 러시아 정부는 이 수백만 달러 규모의 프로젝트를 하찮게 여긴다. 하지만 다행스럽게도 돈에 쪼들리는 핵시설들은 이 프로젝트를 매우 반기기 때문에, 이 프로젝트의 일부는 순항 중이다.

잊힌 또 다른 HEU 사용처들

오늘날 HEU 원자로 개조 및 핵연료 회수 사업은 주로 연료 재공급이 필요한, HEU를 사용하는 연구용 원자로에 중점을 두고 있다. 하지만 이들 사업이 대부분 무시하는 연구용 원자로가 두 가지 있다. 임계로와 펄스 원자로가 그것이다. 이들 원자로의 노심에는 위험한 HEU가 대량으로 들어 있다.

임계로는 새 원자로 노심의 일대일 모형으로서, 노심 설계가 설계자들의 의도대로 연쇄반응을 유지할 수 있는지, 즉 임계 상태를 유지하는지 실험을 통해 입증하는 데 쓰인다. 임계로 조립체가 낼 수 있는 열의 양은 보통 100와트 정도로 제한되어 있으므로, 냉각 체계는 필요 없다. 따라서 핵연료 및 기타 소재를 잘 배치하기만 해도 임계로를 만들 수 있다.

필자 중 한 명(본 히펠)은 백악관 재직 중이던 1994년에 미국 핵연료 보안 및 회계 전문가들과 함께 모스크바의 원자력 연구 센터인 쿠르차토프연구소(Kurchatov Institute)를 견학하면서 임계로 조립체를 처음 보았다. 쿠르차토프연구소는 거의 무방비 상태였다. 이 연구소에서 미국인들은 고등학교 탈의실 같은 창고에 저장된 70킬로그램의 순도 높은 병기용 우라늄 원반도 보았다. 이 우라늄 235는 우주 원자로의 임계로 일대일 모형에 사용될 것이었다. 이들의 방문으로 미국은 처음으로 러시아 핵시설의 보안 상태를 개선하는 데 돈을 쓰게 되었다. 최근 쿠르차토프연구소와 미 국방부는 이 연구소의 HEU 사용 임계로 시설 중 다수에서 핵연료를 제거하는 합동 프로젝트에 관한 논의를 시작했다.

이런 곳은 또 있다. 바로 러시아 오브닌스크의 물리학 및 전기공학 연구소(Institute of Physics and Power Engineering, IPPE)이다. 이 임계로 시설은 아마도 전 세계에서 가장 많은 HEU를 보유한 연구용 원자로 시설일 것이다. 이곳이 보유한 HEU의 양은 총 8.7톤이며, 그 대부분이 수만 장의 직경 5센티미터짜리 원반 형태로 보관되어 있다. 원반은 얇은 알루미늄과 스테인리스강으로 포장되어 있다. 시설의 관리자들은 이 원반들을 줄지어 쌓아두는데, 다양한 평균 연료 농축도를 재현하기 위해 HEU 원반들 사이에 일정량의 열화우라늄(depleted uranium, DU) 원반들을 끼워 넣는다. 이 물건들의 방사능 수치가 낮기 때문에 기술자들은 맨손으로 취급하고 있었다. 누구도 이 원반들이 심각한 안보상의 위험을 초래할 것이라고 여기지 않았다. 우리의 분석 결과로, IPPE 소장은 자신의 연구소에는 병기용 우라늄이 필요 없다는 사실을 납득했다. 미국방부의 관료들은 이곳의 병기용 우라늄을 처분하기 위한 합동 프로젝트에 관심이 있다.

별 관심을 받지 못하는 또 다른 HEU 연료 사용처인 펄스 원자로는 몇 밀리초 이내의 시간 동안 매우 높은 출력을 낸다. 병기 연구소에서는 펄스 원자로를 사용해 핵폭발 때 나오는 짧지만 강렬한 중성자 방출에 대한 소재와 장비의 반응을 평가한다. 임계로 조립체와 마찬가지로, 이 시스템 역시 핵연료의 방사능이 너무 낮기 때문에 동일한 보안상의 문제를 안고 있다. 모스크바에서 동쪽으로 400킬로미터 떨어진 곳에 위치한 러시아 최초의 핵병기 설계 연구소인 전 러시아 실험물리학 과학연구소(All-Russian Scientific Research Institute of Experimental Physics)에는 0.8톤의 HEU가 있다. 히로시마 원자폭탄 15발을 만들 수 있는 양이다. 이곳의 연구자들은 본 히펠에게서 HEU의 위험성에 대해 듣고는, 원자로의 LEU 사양 개조 타당성 연구를 하겠다고 제안했다.

현재 전 세계에는 70여 기의 HEU 사용 임계로 조립체와 펄스 원자로가 있으며, 반 이상이 러시아에 있다. 그러나 이들 중 오늘날 핵 연구에 필요한 곳은 극소수다. 이들 대부분은 1960~1970년대에 건설되었으며, 오늘날에는 기술적으로 구식화되었다. 이들의 임무 중 대부분은 데스크톱 컴퓨터 시뮬레이션으로 대체될 수 있다. 시뮬레이션 속 정밀 3차원 원자로 모델에서 중성자 연쇄반응을 일으키는 것이다. 이 시뮬레이션 결과를 기존의 임계로 실험 결과와 대조함으로써 공학자들은 이 수학적 시뮬레이션의 타당성을 검증할 수 있다. 물론 기존 실험 사이의 공백을 메우기 위해 소수의 다용도 HEU 임계로 시설은 계속 필요할 것이다. 또한 공학자들은 앞으로도 필요할 소수의 펄스 원자로들을 저농축 핵연료를 사용할 수 있도록 개조할 것이다.

좀 더 넓은 관점에서 보자. 어느 IAEA 전문가의 추측에 따르면, 전 세계의 노후 연구용 원자로 중 85퍼센트는 퇴역시켜도 된다. 그는 이들을 퇴역시키고 첨단 기술이 적용된 소수의 지역 중성자원을 사용하면 더 좋은 효과를 얻을 수 있다고 보았다. 기존 연구용 원자로 퇴역 프로그램이 잔여 연구용 원자로 시설들의 역량 확대와 동시에 진행된다면, 원자로를 이용할 연구자들의 마음을 더욱 사로잡을 수 있다. 유럽 국가와 일본도 미국의 이러한 행보에 동참할 수 있다. 실제로 연구소들이 약하게 조사된 대량의 HEU 핵연료와 이를 사용하는 원자로를 퇴역시키면 상당한 예산을 얻을 수 있다. HEU 1톤을 희석해 원자력발전소용 LEU로 변환시키면 약 2,000만 달러의 돈이 생기는 것이다.

해결책을 향해

HEU 사용 원자로의 개조는 이미 사반세기 넘게 지지부진한 상태다. HEU를 계속 사용하는 것은 기술적 이유와 거의 상관이 없다. 일이 이렇게 된 주원인은 정부 고위층의 충분한 지원이 없었기 때문이다. 면허 갱신이나 시설 폐쇄를 두려워하는 원자로 운영자들의 반발 역시 한 가지 원인이다.

현재 많은 사람이 핵 테러리즘을 걱정하고 있다. 그러나 HEU 제거 프로그램의 많은 부분은 너무나도 느리게 진행되고 있다. 각국 정부는 더 많은 예산을 배정함으로써 원자로들을 LEU용으로 개조하는 동시에, 남아 있는 HEU 원자로들을 위한 실용성 있는 대체 연료체를 개발해야 한다. 그리고 이 프로그램은 모든 HEU 사용 임계로 조립체, 펄스 원자로, 그 외 여러 민간용 HEU 사용처(러시아 원자력 쇄빙선 등)에 확대 적용되어야 한다.

미국과 그 동맹국들이 핵 테러리즘 예방 문제를 진지하게 여긴다면, 앞으로 5~8년 안에 전 세계에서 민간용 HEU를 완전히 제거할 수 있을 것이다. 이 임무의 완수를 계속 미룬다면 핵 테러리즘 발생의 가능성을 높일 뿐이다.

8-2 핵병기 밀수를 탐지하라

토머스 코크런·매튜 맥킨지

뉴욕 시 항구의 세관 검사관들은 이스탄불에서 도착한 어느 배에서 나온 밀봉된 컨테이너를 방사능 검색대에 통과시켰다. 그 안에는 10여 대의 신품 트랙터가 있는 것 같았다. 검색대에서는 방사능을 감지하지 못했지만, 검사관들은 일단 컨테이너를 열고 들어가 검사해보았다. 휴대형 방사능 검색기로도 방사능을 발견하지 못했다. 따라서 검사관들은 컨테이너를 통과시켰다. 컨테이너는 트럭에 연결되어 미국 중서부의 어느 도시로 달려갔다. 그곳에 있던 테러리스트 조직원들은 트랙터 엔진 내부에 10개의 금속제 와셔로 위장되어 들어 있던 고농축우라늄 총 2킬로그램을 꺼냈다. 그리고 몇 달 후, 로스앤젤레스에서 1킬로톤급 급조 핵폭발물이 터졌다. 폭풍과 화재, 공기 중 방사능으로 10만 명 이상이 사망했다. 해외에서 미국으로 들어가는 모든 운송편이 막혔고, 이로써 금융 위기가 촉발되었다. 법의학 감식 및 정보 분석을 통해 파키스탄과 이란에 배후 세력이 있음을 알아낸 미국은 중동 지역에서 군사 작전에 들어갔다.

이 끔찍한 시나리오를 터무니없다고 생각하는가? 최근 두 필자는 NBC 뉴스 팀을 도와, 콜라 캔만 한 크기의 원통형 열화우라늄을 방사능 검색대를 통과시켜 미국으로 밀반입하는 데 성공했다. 물론 열화우라늄은 사람에게 위험을 끼치지 않는 물질이다. 그러나 원자폭탄의 재료가 되는 고농축우라늄

(HEU)에 버금가는 방사능 특징을 띤다.

테러리스트들이 HEU로 만들어진 원시적인 핵병기를 사용할 경우 대량 살상의 위험은 극대화된다. 9·11 테러 공격 이후 미국 정부는 핵병기 및 그 원료의 밀반입을 막고자 했다. 국토안보부는 이를 위해 값비싼 방사능 검색기를 위주로 한 이른바 '다층 방어' 체계를 구축했다.

방사능 탐지에 주안점을 두는 이유는 무엇인가? 미국으로 들어오는 화물 컨테이너의 수는 엄청나다. 컨테이너의 크기는 다양하므로 그 수는 표준 크기인 20피트(약 6미터) 길이 컨테이너의 크기, 즉 TEU(twenty-foot equivalent units)를 기준으로 따진다. 2005년 미국 항구로 들어온 컨테이너의 수는 4,200만 TEU였다. 2007년 국토안보부는 수백 대의 방사능 관문 탐지기를 배치했으며, 더욱 발전된 장비들을 더 많이 공급해달라고 의회에 요청했다. 그러나 기존 장비에서 소프트웨어 문제가 발견되자 장비 추가 시험을 위해 2007년 10월 그 요청은 철회했다. 일부 연방 정부 관료들과 납품 업체들은 이 기술이 효율적이라고 주장하지만, 우리가 실시한 분석에 따르면 이 장비들은 HEU를 효과적으로 발견할 수 없다. 정부는 그보다 잠재적 핵병기 원료인 HEU의 기존 재고를 파악하고, 이를 제거하거나 더욱 안전하게 지키는 데 우선순위를 두어야 할 것이다.

용이한 은닉

테러리스트들이 파괴 공작을 벌이기 위해 완제품 핵병기를 훔치거나 구입할 수도 있다. 그러나 이런 시나리오는 가능성이 낮다. 기능이 온전한 완제품 핵병기는 그 원료인 핵분열물질에 비해 더욱 엄중한 경비 아래 있다. 때문에 핵분열물질을 불법으로 획득해 미국으로 밀반입한 뒤 핵폭탄을 조립하는 것이 더 가능성이 높은 방법이다. 이런 물질은 2008년 현재 전 세계의 민간 및 군용, 우주 관련 원자력 시설에 널려 있다. 주로 신경 써야 하는 분열성 물질은 플루토늄과 HEU다.

HEU는 플루토늄에 비해 폭발력이 낮다. 그러나 플루토늄은 폭탄을 만들기가 공학적으로 더 까다롭고, 화물에 넣어 밀반입할 때 적발될 위험성도 크다. HEU는 플루토늄에 비해 취급이 용이하고 핵폭탄 제작이 더 쉬울뿐더러 컨테이너에 들어 있을 경우 탐지도 어렵다. 더구나 보안 상태가 허술한 곳에 배치되어 있는 HEU 물량은 플루토늄보다 훨씬 더 많다. IAEA에 따르면, 1993년 1월부터 2006년 12월 사이에 전 세계에서 벌어진 핵물질 관련 범죄는 총 275건에 달한다. 이 중 4건이 플루토늄 관련, 14건이 HEU 관련이었다. 현재 HEU를 보유한 국가는 40여 개국이며, 이들 나라 가운데 도난의 위험성이 가장 큰 곳은 러시아를 비롯한 구소련 공화국들과 파키스탄이다. 하버드대학의 연구 결과에 따르면, 미국의 자금 지원을 받아 구소련 지역에서 실시된 핵시설 보안 향상 작업 중 45퍼센트가 완료되지 못했다.

물론 핵물질을 획득하는 것은 쉬운 일이 아니다. 그러나 ABC 뉴스에 따르면, 이를 미국 내로 밀반입하는 것은 비교적 쉽다. 2002년 여름 ABC 뉴스 팀은 내피가 납으로 된 철제 파이프 안에 6.8킬로그램의 원통형 열화우라늄을 숨겨 일반 화물 컨테이너에 실은 다음, 미국 세관국경보호청의 검색을 피해 국내로 밀반입하는 데 성공했다. 물론 열화우라늄은 핵병기용으로 적절하지 않으나, 그 화학적 속성은 HEU와 거의 비슷하다. 열화우라늄은 필자들이 속한 조직인 천연자원보호협회(Natural Resources Defense Council, NRDC)가 준비했다. ABC 뉴스 팀은 이 파이프를 흔한 옷가방 안에 숨겨, 열차 객차에 싣고 빈에서 이스탄불까지 이동했다. 실제 테러리스트가 이용할 가능성이 큰 루트다. 뉴스 팀은 이동을 하는 동안 방사능 탐지 장비를 단 한 번도 마주치지 못했다.

이스탄불에 가까워지자 뉴스 팀은 옷가방을 장식장에 집어넣었다. 이 장식장은 큰 화분들과 함께 포장된 다음, 화물 컨테이너에 실려 7월 10일 선편으로 이스탄불을 출발했다. 뉴욕 스태튼 섬에 도착했을 때, 국토안보부 산하 세관 직원들은 이 컨테이너를 고위험군으로 분류해 더욱 철저히 검색했다. 이스탄불에서 온 것도 그 이유 중 하나였다. 그러나 검색 장비와 검사관은 열화우라늄을 발견하지 못했다. ABC 뉴스는 이 사실을 9·11 테러 공격 1주년이 되는 날인 2002년 9월 11일에 방송했다.

ABC 뉴스는 1년 후에도 비슷한 보도를 했다. 이번에는 티크 원목에 열화우라늄이 든 옷가방을 숨기고 다른 가구들과 함께 컨테이너에 넣은 다음, 자카르타를 출발해 미국으로 가는 배에 실었다. 이 컨테이너는 2003년 8월 23일 캘리포니아 주 롱비치 항구에 도착했으며, 앞서와 마찬가지로 고위험군으로 분류되어 세관의 집중적인 검색을 받았다. 그러나 세관은 이번 역시 아무

것도 발견하지 못했다. 9월 2일, 컨테이너는 트럭에 실려 세관을 떠났다. ABC 뉴스 팀은 세관이 이번에도 열화우라늄을 발견하지 못한 사실을 보도했다. 이 방송이 나간 후 세관은 열화우라늄을 압수해 폐기하고, 필자 중 한 명인 코크런을 수개월 동안 항공여행 감시자 명단에 올렸다.

탐지 장치의 불충분한 성능

국토안보부는 2002년 하반기에 방사능 관문 탐지기(radiation portal monitor, RPM)라는 이름의 제1세대 탐지 체계를 배치하기 시작했다. ABC 뉴스 보도에도 불구하고 이 장비와 그 후속 기종 800대 이상이 통관항, 지상 국경 출입구, 공항, 항구, 국제우편 및 택배 시설에 배치되었다. 이른바 신틸레이션(scintillation) 탐지기라고도 불리는 이 장비들은 중성자와 감마선을 탐지할 수 있지만 그 총 에너지량은 측정하지 못한다. 따라서 탐지한 방사능의 강도는 측정할 수 있으나 방사능원의 특징적인 방사능 스펙트럼, 즉 방사능 특징은 측정할 수 없다.

방사성물질을 발견하려면 그것이 내뿜는 방사능부터 발견해야 한다. 하지만 방사능을 발견해도 그것이 핵분열물질에서 나온 것인지, 무해한 방사성물질에서 나온 것인지 구분할 수 있어야 한다. 무해한 방사성물질에는 바나나, 브라질너트, 감자, 고양이 깔개, 항공기 부품, 유리, 콘크리트 등이 모두 망라된다. 이런 물질들은 컨테이너의 자연방사능에 매우 큰 영향을 준다. 그러나 RPM은 방사능원의 특징적인 방사능 스펙트럼을 측정할 수 없다. 때문에 필연적으로 지연방사능 물질을 감지하고 잘못된 경보를 발령하게 된다. 현용 장비의 오경보율은 문제가 될 만큼 높다. 특정 시설에서는 하루에도 수백 건의 오경보가 나올 정도다. 경보가 울리면 세관 직원들은 컨테이너를 더욱 철저히 검색하거나, 심지어 수작업으로 검색하기도 한다. 이는 물품 배송에 드는 시간과 비용을 크게 늘린다.

추가 검색은 VACIS라는 이름의 감마선 이미징 시스템에 의해 진행된다. 이 장비는 컨테이너 내용물에 대해 X선 스캔을 한다. 세관 직원들은 무선호출기처럼 생긴 소형의 휴대형 방사능 탐지기도 가지고 있다. 하지만 ABC의 두 번째 보도를 보면 어떤 장비도 열화우라늄을 탐지하지 못했다.

RPM의 약점을 인지한 국토안보부는 지난 2006년 수백 대의 제2세대 방사능 탐지기를 구입하겠다고 발표했다. 이 장비의 이름은 첨단 스펙트럼 관문(advanced spectroscopic portal, ASP)이다. 장비 가격은 하드웨어만도 10억 달러가 넘는다. 이 시스템은 감마선 및 중성자 탐지기를 갖추고 있으며, 감마선 분광을 통해 방사능 특성을 알아낸다. 이러한 기능을 모두 사용해 무해한 방사성물질을 식별해냄으로써 오경보율을 낮추려 하고 있다. 2007년 8월 당시 부시 대통령은 '2007년 9/11 위원회법 권고사항 이행안'에 서명했다. 이 이행안에서는 앞으로 5년 이내에 미국행 배에 실리는 '모든' 해운 화물은 외국 항구에서 선적 '이전'에 방사능 탐지기로 보안 검색을 받아야 한다고 규정하고 있다. 이로써 더 많은 방사능 탐지기를 배치해야만 했다.

그러나 이러한 행보는 제대로 된 조언 없이 이루어진 것이다. ASP 장비도 믿을 수 없기 때문이다. 미 국방부의 네바다 실험장에서는 비밀리에 ASP 작동 실험이 진행되었다. 그러나 이 실험에서도 차폐된 HEU를 발견해내는 성능은 입증되지 못했다. 더구나 뉴욕 및 뉴저지 항만청에 설치된 ASP 장비는 소프트웨어 문제로 제대로 작동하지도 않았다. 2007년 11월《워싱턴포스트》는 국토안보부조차 이 장비의 효과에 의문을 제기한다는 사실을 폭로했다.《워싱턴포스트》에 따르면, 지난 2006년 9월 미 회계감사원의 감사관들은 이 장비의 성능이 너무 과장되어 발표되었다는 의혹을 제기했다. 회계감사원은 1년 후 실시한 또 다른 조사에서, 공무원들의 감독 아래 진행된 ASP 시스템 실험은 제대로 된 것이 아니라고 밝혔다. 국토안보부 장관 마이클 처토프(Michael Chertoff)는 의회에 ASP 추가 구입 예산을 배정해달라고 요청했지만, 이후 2007년 10월, 문제가 해결될 때까지 신규 ASP에 대한 인증을 연기하기로 결정한다.《사이언티픽 아메리칸》 이번 호(2008년 4월호)가 발매될 무렵이면, 국토안보부가 새로운 계약자의 탐지기 성능 데이터를 의회에 제출했을 가능성이 높다. 의원들은 파란만장한 이력을 지닌 이 장비에 계속 돈을 들여야 할지 결정해야 할 것이다.

훌륭한 대용품

국토안보부는 ABC의 실험을 좋아하지 않았다. 그들은 이 실험에 열화우라늄(DU)이 아니라 HEU를 사용했다면 검사관들이 식별해 차단했을 것이라고 공개적으로 주장했다. 필자들은 이 주장에 동의하지 않는다. 필자들의 분석에 따르면, 납과 철로 약간만 차폐해줘도 DU와 HEU 모두 방사능 신호가 약해져 제1세대 및 제2세대 방사능 탐지기로 탐지하기가 어려워진다.

필자들은 DU와 HEU를 비교하기 위해 다음과 같은 방법을 사용했다. 차폐된 DU와 HEU, 그리고 차폐되지 않은 DU와 HEU가 다양한 거리에서 나타내는 방사능 입자 개수 및 탐지기 선량률(線量率)을 먼저 계산했다. 그리고 이 값을 자연방사능 값과 비교했다. 이 계산에는 로스앨러모스국립연구소에서 사용하는 표준 방사능 분석 소프트웨어와, 로렌스리버모어국립연구소에서 제공한 일반 우라늄 방사능 데이터를 사용했다.

일부 HEU에는 우라늄 232 동위원소가 아주 조금 들어 있다. 우라늄 232는 천연 우라늄에는 없고, HEU가 원자로에서 조사될 때 만들어지는 것이다. 미국과 러시아에서는 대부분의 HEU가 군용 핵연료에서 회수된 우라늄을 농축해 만들어지며, 따라서 미량의 우라늄 232에 오염되어 있다. 1ppb(10억 분의 1) 미만의 적은 양이라도 우라늄 232는 특이한 방사능 신호를 낸다.

순수한 HEU, 또는 우라늄 232에 오염된 HEU의 방사능 신호를 RPM이 잘 탐지하지 못하는 원인은 크게 두 가지다. 방사능을 흡수하는 차폐 장치, 그리고 방사능원과 탐지기 사이의 거리다. 차폐 장치가 없는 HEU(순수한 것이든 오염된 것이든)의 계산상 선량률은 DU보다 훨씬 크다. 그러나 이들의 선량 대부분은 차폐 장치에 의해 이미 흡수되는 감마선 스펙트럼의 저에너지 부위에서 일어난다. 우라늄 232가 없는 HEU가 1밀리미터 두께의 납에 차폐된 경우의 방사능 선량률은 동일하게 차폐된 DU보다 '낮다'. 농도 2ppb의 우라늄 232

에 오염된 HEU를 1밀리미터 두께의 납으로 차폐했을 경우, 그 감마선 선량률은 DU와 거의 비슷하다. 공개된 데이터에 따르면, 러시아산 HEU의 약 절반은 우라늄 232 농도가 0.2ppb 미만이다. 그리고 파키스탄 및 이란산 HEU는 우라늄 232가 전혀 없을 가능성이 크다.

DU와 HEU 모두 거리가 멀어질수록 방사선량도 줄어든다. 간단하게 차폐되고(1밀리미터 두께의 납) 우라늄 232가 없는 HEU의 경우, 2미터 거리에서 측정한 선량률은 자연방사선의 5퍼센트 미만이다. 0.2ppb 농도의 우라늄 232에 오염된 HEU를 같은 조건에서 측정했을 때의 선량률은 자연방사선의 10퍼센트 미만이다. 일반적인 관문 탐지기에서, 컨테이너의 중심과 양측 탐지기 사이의 거리는 2미터가 훨씬 넘는다. 즉 컨테이너 중심부에 러시아산 HEU를 차폐한 채로 둔다면 RPM도 ASP도 이를 식별하거나 탐지할 가능성이 매우 낮다는 것이다.

병기용 핵물질 밀반입에 대한 국토안보부의 적발 능력을 알아보는 실험을 통해, DU는 HEU의 좋은 대용물임이 입증되었다. 만약 이 실험에서 HEU가 사용되었더라도 RPM은 물론 ASP 역시 탐지하지 못했을 것이다.

적은 양으로도 폭탄을

문제를 더욱 나쁘게 만드는 것은, 이 실험에 사용된 것보다 적은 양의 HEU를 테러리스트들이 미국 내로 밀반입하는 상황도 충분히 생각할 수 있다는 점이다. 그렇다면 작은 HEU 여러 개를 하나로 뭉쳐 폭발력이 충분한 핵폭탄을 만드는 것이 가능한지 궁금해진다.

현대의 핵병기는 대부분 내파식(內破式)이다. 재래식 폭탄의 폭발력으로 핵물질을 고도로 압축해, 통제 불능의 핵분열 연쇄반응을 일으키는 것이다. 비밀리에 움직이는 테러리스트들이 이런 핵폭탄을 만들어낼 가능성은 적다. 구조가 복잡하기 때문이다. 그보다는 더 간단하지만 효과가 비슷한 포신형 핵폭탄을 만들 가능성이 높은데, 두 개의 미임계 HEU를 부딪쳐 초임계물질을 만드는 방식이다. 1945년 히로시마에 떨어진 리틀보이 원자폭탄은 총량 65킬로그램의 HEU를 사용한 포신형 핵폭탄이었다. 포신을 사용해 한 덩이의 미임계 HEU를 다른 한 덩이의 미임계 HEU에 쏘아 보내 부딪치자 1밀리초 만에 초임계물질이 만들어진 것이다.

그 이후로도 핵물질의 '품질'은 발전을 거듭해왔다. 1987년 노벨 물리학상 수상자이자 맨해튼계획에* 참여하기도 했던 루이스 앨버레즈(Luis Alvarez)는 그 발전 수준을 다음과 같은 말로 표현했다. "테러리스트들이 현대 병기용 우라늄을 획득한다면, 그걸 두 덩이로 잘라서 한 덩이를 다른 한 덩이 위에 그냥 떨어뜨리는 것만으로도 대폭발을 일으킬 가능성이 매우 큽니다." 이 주장을 검증하기 위해, 필자들은 리틀보이 설계와 앨버레즈가 말한 급조 핵폭탄 설계의 차이를 모델링해보았다.

*2차 세계대전 당시 진행된 원자폭탄 개발 계획.

우리는 로스앨러모스 소프트웨어 코드를 다시 사용하고, 일반에 공개된 설계 정보를 통해 리틀보이를 모델링했다. 또한 포신형 조립체를 사용한 두 가지의 간단한 HEU 설정도 모델링했다. 모델링 결과, 폭발 구동형의 포신형 조립체는 1킬로톤급 폭발을 일으키는 데 필요한 HEU의 양이 리틀보이에 쓰인 양보다 현저히 적은 것으로 드러났다. 그리고 리틀보이보다 더 많은 HEU를 사용할 경우, HEU 한 덩이 위에 또 다른 HEU 한 덩이를 떨어뜨리기만 해도 1킬로톤급 폭발이 일어날 확률은 50퍼센트가 넘었다. 앨버레즈의 말은 거짓이 아님이 입증된 것이다. HEU 폭탄을 설계하는 것은 상상외로 쉬울지도 모른다. 이제 비밀리에 충분한 핵물질을 확보하는 것만이 유일하게 남은 실질적 장애물이다.

더욱 효과적인 대응책

앞서도 말했듯이, 관문 탐지기는 HEU를 제대로 적발하지 못하고 있다. 이 점을 감안하면 HEU의 밀반입을 막는 것은 지극히 중요하다 하겠다. 기본적으로 미국 정부에게는 다음 네 가지 선택권이 있다. 첫 번째, 정보에 의존해서 핵 밀수꾼들을 검거한다. 두 번째, HEU를 제거한다. 세 번째, HEU를 한데 모아 안전하게 관리한다. 네 번째, 국경을 넘는 HEU를 탐지한다. 현명한 정책 결정자라면 이 네 가지를 비용과 효과를 기반으로 균형 있게 실시할 것이다. 그러나 오늘날 미국은 그 효과가 의심스러운 탐지기에 지나치게 의존하고 있다. 연방 정부는 러시아군이 보유한 과다한 HEU 재고를 희석해 LEU로 바꾸고, HEU를 연료로 사용하던 연구용 원자로를 LEU를 연료로 사용할 수 있게 개조하는 프로그램을 가지고 있다. 미국은 또한 러시아의 HEU에 대한 물리석 보안 상태를 개선하는 데 기여하고 있다. 그러나 미국 정부는 이런 프로그램들을 국토안보부에 맡기지도 않고, 관문 탐지기 프로그램만큼 높은 우선순위를 부여하지도 않고 있다.

시험에서 입증되었다시피, 현재 RPM도 ASP도 믿음직한 탐지 능력을 보이고 있지 못하다. 국토안보부는 또 다른 첨단 탐지 계획에 대한 연구를 지원하고 있다. 컨테이너나 차량에 저에너지 중성자를 조사하여 확실한 감마선 신호를 발생시키는 능동 탐지 체계가 그것이다. 2007년 로렌스리버모어국립연구소에서는 이 탐지 체계의 시제품을 공개하면서, 가볍게 차폐된 1킬로그램 미만의 우라늄을 발견할 수 있으며 오경보율도 낮다고 주장했다. 캘리포니아 주 토런스의 라피스캔시스템스(Rapiscan Systems) 사 역시 비슷한 장비를 개발하고 있다. 그러나 이런 장비들의 가격이 낮아지려면 우선 상용화가 되어야 한다. 일반 국민과 화주(貨主)들은 상품에 감마선을 쪼였을 때 발생할 수 있는 문제를 걱정하고 있다. 물론 이 감마선의 에너지는 매우 낮아 한 시간 이내로 사라지긴 하지만 말이다.

의회에서도 수십억 달러가 투입되었지만 문제가 많은 ASP 프로그램을 계속 지원할지에 대한 논쟁이 벌어질 것 같다. HEU를 밀반입하려는 아마추어 테러리스트는 RPM과 ASP로 잡아낼 수 있을지도 모른다. 그러나 이 장비로 9·11 테러의 범인 중 한 명인 모하메드 아타(Mohamed Atta) 같은 프로 테러리스트는 잡기 어려울 것이다. 미국 정부는 이런 탐지기보다는 전 세계의 HEU를 안전하게 확보하고 제거하는 데 우선순위를 두고 더 많은 예산을 배정해야 한다. 미국 정부는 전 세계적으로 HEU의 상업적 이용을 금지하도록 해야 한다. 현재 HEU는 의료용 동위원소 생산, 원자로 설계 실험 등에 쓰이고 있다. 그러나 이런 작업은 LEU나 입자가속기로도 할 수 있다. 핵 테러 공격으로부터 나라를 보호하려면 더 크고 효과적인 전략 구상을 짜내야 한다. 그리고 그 구상의 주안점은 테러리스트들이 병기용 핵물질에 손을 댈 수 없게 하는 데 맞춰져야 한다.

8-3 다음 공격을 예측하라

데이비드 비엘로

뉴욕 시와 워싱턴 D.C.의 주민들에게 매우 분명하고 확실한 테러 위협이 가해졌다. 그 배후 세력은 확실히 밝혀지지 않았지만, 이 사실은 9·11 테러 10주년이 되기 불과 3일 전에 대중의 이목을 끌었다. 지난 10년간 미국 국내외의 테러리스트들이 다양한 수단으로 미국과 미국인에게 광범위한 피해를 입히려 시도하면서, 정부와 공안 기관이 발령하는 테러 경보는 너무나 흔해졌다. 그렇다면 이런 의문이 남는다. 다음 테러 위협은 과연 어떤 형태일 것인가?

CIA에 따르면, 미국인 1,000명당 8.38명이 테러 공격으로 사망한다. 나이지리아보다는 낮지만 우즈베키스탄보다는 높은 수치다. 미국인의 사망 원인 중 가장 큰 비중을 차지하는 것은 심장 질환, 암, 자동차 사고다. 미국 질병관리본부에 따르면, 이들 3대 사망 원인으로 2007년 한 해 동안 숨진 미국인은 약 120만 명에 이른다. 같은 해 사망자 총수의 절반이 넘는다. 반면 이해에 테러 공격으로 죽은 미국인은 단 한 명도 없다.

그러나 예전의 테러 공격 사례와 전문가들의 의견을 감안한다면, 장차 미국인에 대한 테러 공격은 다음과 같은 양상을 띨 가능성이 매우 높다. 그 실현 가능성이 큰 것부터 작은 것 순으로 나열해보았다.

1. 화학 폭발물

2001년 12월 22일, 리처드 레이드(Richard Reid)는 아메리칸항공 63편 기내에서 자신의 신발을 불태우려고 했다. 그 신발 밑창에는 화학 폭발물이 들어 있었다. 이 사건으로 미국 공항의 보안 검색대는 신발을 벗고 통과해야 한다는 규정이 생겼고, 이 규정은 오늘날까지 폐지되지 않았다.

그러나 화학 폭발물로 테러를 저지르려고 한 사람은 레이드 이전에도 있었다. 이런 테러에 애용되는 화학물질은 펜타에리트리톨 테트라니트레이트(pentaerythritol tetranitrate, PETN), 트라이아세톤 트라이페록사이드(triacetone triperoxide, TATP), 니트로글리세린 등이다. 이런 성분들은 약국에서도 구할 수 있으며, 개별 성분 상태에서는 현재의 공항 보안 기술로 찾아내기 어렵다. 그래서 액체는 극소량만 항공기 내에 반입할 수 있다는 규정이 생긴 것이다.

1990년대 테러리스트들은 필리핀을 이륙하는 항공기 안에 액체 화학 폭발물을 반입하는 데 성공했는데, 콘택트렌즈 세척에 사용되는 식염수 병을 이용했다. 테러리스트들은 기내에서 이 폭발물을 터뜨렸고 승객 한 명이 죽었다. 이후 테러리스트들은 속옷에 꿰매 넣거나, 프린터 카트리지 속에 숨기는 등의 방식으로 폭발물을 항공기 안으로 반입하려고 시도했다.

이러한 폭발물을 이용한 교통수단 공격은 시대를 막론하고 벌어졌다. 2010년 타임스스퀘어를 얼어붙게 한 것 같은 자동차 폭탄 테러에서부터 항공기 폭탄 테러에 이르기까지 유형도 다양하다. 2006년 테러리스트들은 항공기 10대를 동시에 폭발시킬 계획을 세웠으나, 영국과 미국 등 여러 국가의 비밀

수사에 의해 저지되었다. 2004년 러시아에서는 테러리스트들이 두 대의 항공기를 폭파시켜 승객과 승무원 89명 전원이 사망했다. 1988년에는 팬아메리칸항공 103편이 스코틀랜드 로커비 상공에서 폭파되어, 기내에 있던 259명 전원은 물론 지상의 11명까지 목숨을 잃었다.

도시형 대중교통도 테러리스트들에게는 매력적인 표적이다. 런던의 열차와 버스에서 2005년 7월 7일 벌어진 자살 폭탄 테러야말로 그것을 입증하는 사례다. 오사마 빈 라덴이 미군에 의해 살해된 후 압수된 그의 파일에는, 런던 테러와 유사한 방식으로 미국의 철도와 도로에서 폭탄 테러를 벌이겠다는 계획이 적혀 있었다.

2. 해킹

원자력발전소가 노심용융을 일으키지 않는 것은 안전 감시 체계가 냉각수와 연료봉의 비정상적인 온도 상승 및 다른 이상 현상들을 적시에 감지하고 그에 맞는 대처를 하기 때문이다. 그러나 지난 2003년 1월 25일, 오하이오 주 오크하버의 데이비스-베시(Davis-Besse) 원자력발전소의 안전 감시 체계가 무려 약 다섯 시간 동안이나 정지했다. 계약자의 컴퓨터를 통해 'SQL 슬래머(Slammer)'라는 컴퓨터 바이러스가 침투해, 안전 감시 체계 실행 컴퓨터를 감염시켰기 때문이다. 다행히도 이 발전소는 또 다른 안전 문제(원자로에 천공 및 균열 발생) 때문에 2002년부터 폐쇄된 상태였다.

발전소만 이런 위험에 노출된 것이 아니다. 아이다호국립연구소가 실시한

모의 해킹 '오로라'에서도 드러났듯이, 전력망 전체가 해킹 공격에 취약하다. 게다가 에너지 인프라만 해킹 공격의 표적인 것도 아니다. 미 국방부, 구글, 은행 ATM, 심지어는 개별 마이크로칩들도 해킹 범죄의 표적이 될 수 있다.

3. 항공기 테러

2001년 9월 11일, 테러리스트들은 항공기를 무기로 사용해 뉴욕 시 세계무역센터 쌍둥이 빌딩을 무너뜨리고, 워싱턴 D.C.의 국방부 건물에도 큰 피해를 입혔다. 그 후에도 항공기는 테러리스트들의 매력적인 표적이 되고 있다. 물론 항공기를 직접 조종해 무기로 사용하기보다는 항공기에 폭탄을 장착하는 쪽이 더 인기가 많지만 말이다.

그래서 많은 사람은 항공기를 두려워한다. 그러나 통계학자들이 지난 10년간 항공 교통 기록을 기반으로 계산한 결과에 따르면, 항공기 테러로 목숨을 잃을 확률은 1,000만 분의 1을 조금 넘는 정도다. 이에 비해 번개에 맞을 확률은 무려 50만 분의 1이나 된다.

4. 화학병기

1995년 3월 20일, 일본의 신흥 종교인 옴진리교의 신도들이 도쿄 지하철의 열차 다섯 대에 사린 가스를 살포했다. 이 무색무취의 가스를 흡입한 사람들은 곧 발한과 근육 경련 등의 증상을 일으켰고, 이 중 12명은 호흡 곤란으로 숨을 거두었다. 나중에 밝혀진 일이지만, 옴진리교는 시안화수소 등 더 큰 피해를 일으킬 수 있는 화학병기도 가지고 있었다.

일본 신흥 종교만 신경가스나 독극물 등의 화학병기를 사용할 수 있는 게 아니다. 미국 보안 당국에 따르면, 테러 조직 알카에다가 대량의 아주까리씨를 획득하려고 했다. 아주까리씨는 맹독성 물질인 리친(ricin)의 주재료다. 백색 분말 형태의 리친은 호흡기 또는 다른 경로로 극소량만 인체에 흡수되어도 치명적이다.

5. 생물학병기

2001년 9월 18일부터 민주당 상원의원 톰 대슐(Tom Daschle, 사우스다코타 주)과 패트릭 리히(Patrick Leahy, 버몬트 주)의 사무실에 이상한 봉투가 배달되기 시작했다. 이 봉투들은 뉴욕 시의 ABC, CBS, NBC 방송국은 물론 플로리다 주 보카레이턴 시의 아메리칸미디어(American Media) 등 언론사에도 배달되었다. 봉투에는 가루가 들어 있었으며, 이 가루는 인체에 치명적인 박테리아인 탄저균의 포자였다. 결국 이 탄저균에 감염된 사람 다섯 명이 죽고 말았다.

탄저균 말고도 생물학병기는 많이 있다. 직접 감염되는 박테리아부터 독소를 생성하는 미생물까지 다양하다. 미국과 러시아를 포함한 여러 나라는 냉전 기간 중 수십 년에 걸쳐 미생물의 병기화 가능성을 연구했다. 국제조약으로 금지되기는 했지만, 군축운동연합에 따르면 일부 국가들은 이런 병기의 연구 및(또는) 저장을 계속하고 있다. 그러나 생물학병기를 사용하는 테러에는 그리 높은 기술력이 필요 없다. 1984년 오리건 주에서는 오쇼 라즈니쉬의 추종자들이 선거에 영향을 줄 목적으로 샐러드 바에 설사를 유발하는 살모넬라균을 넣었다.

6. 더러운 폭탄

미국은 지난 수십 년 동안 노후한 러시아 핵탄두를 해체해 러시아 원자로의 연료로 바꾸려고 해왔다. 또한 러시아 핵병기 시설의 보안을 강화하는 데도 협력해왔다. 그렇게 함으로써 핵 아포칼립스의 위협을 줄이고자 한 것이다. 그러나 이를 회의적인 시선으로 보는 사람도 있는데, 언론인 윌리엄 랑게비셰(William Langewiesche)는 러시아의 핵병기 시설이 도난과 밀거래에 취약하다고 지적했다. 여기서 유출된 핵병기들은 제대로 된 핵병기로 사용될 가능성보다, 이른바 '더러운 폭탄'의 재료로 사용될 가능성이 더 크다. 더러운 폭탄은 방사성물질을 재래식 폭탄과 결합한 것으로, 다양한 기폭 방식과 크기로 제작할 수 있다.

이런 폭탄이 직접적으로 사람을 죽일 방법은 폭발에 따른 폭풍과 열, 파편 말고는 없을 가능성이 크다. 그러나 일본 후쿠시마의 원자로 노심용융 사건에서도 보았듯이, 폭발 후 따라오는 방사능 오염의 공포는 혼란을 가중시킬 것이다.

8-4 대테러 기술들

로코 카사그랜드

2000년 5월 미국 정부의 고관들은 덴버공연예술센터에 박테리아 구름이 떠다니는 것을 보았다. 덴버공연예술센터는 공연장 일곱 곳을 갖추었으며, 입장 가능 인원은 총 7,000명이다. 불과 일주일 후 수천 명의 사람들이 질병으로 죽거나 죽어갔다. 콜로라도 주계는 폐쇄되었고, 식량과 의약품은 고갈되기 시작했다. 의사와 간호사 들이 쓰러지고 항생제도 고갈되면서 의료 서비스도 더 이상 받을 수 없게 되었다. 다행히도 이 시나리오는 사실이 아니다. 미국 내의 표적에 생물학병기 공격이 가해졌을 때의 효과에 대해 컴퓨터로 모의실험을 해본 결과다. 탑오프(TopOff)라는 이 실험은 민간 지도자들에게 한 가지 사실을 확실히 알려주었다. 병원 응급실에 사람들이 몰리기 시작할 때는 생물학병기에 대한 효과적 방어책을 쓰기에 이미 늦었다는 점을 말이다. 과학자들은 현재 정부 관료들에게 생물학병기 공격을 미리 알려줄 다양한 조기 경보 시스템을 구상하고 있다. 이러한 기술들에는 DNA 및 항체 기반의 바이오칩, 그리고 위험한 미생물을 발견해내는 '전자 코' 등이 있다.

공격은 이미 시작되었는가?

생물학전은 진행 속도가 느리다. 공기 중에 떠도는 박테리아나 바이러스 작용제의 구름은 눈에 보이지도 않고 냄새를 맡을 수도 없다. 사람들은 공격을 당하는 사실도 모른 채 흡입하고, 며칠 후 증세를 일으키기 시작한다. 그때가 되면 환자들을 치료하거나, 아직 건강한 사람들을 보호하기에는 이미 늦었다. 대부분의 생물학 작용제는 그 전염성이 그리 뛰어나지 않다. 그러나 감염 사실을 모르는 환자는 질병을 전파시킬 수 있다.

다행히도 생물학 작용제는 잠복기가 있어서, 보건 당국은 이 기간을 이용해 환자들을 격리 및 치료하고 건강한 사람들에게 백신을 접종할 수 있다. 생물학 작용제로 일어나는 여러 질병은 증상이 일어나기 전에 항생제로 치료가 가능하다. 이미 증상이 나타난 후라면 일부 환자의 경우 치료가 소용없을 수 있다.

조기 탐지가 특히 중요한 이유는 생물학 작용제가 일으키는 여러 질병이 독감과 유사한 증상인 고열과 메스꺼움을 동반하기 때문이다. 의대생이라면 다 아는 격언이 있다. "편자 소리가 들린다면 얼룩말이 아니라 말이다!" 희귀한 질병이라고 생각하기 전에 일반적인 질병만의 징후를 찾아내어 가리라는 뜻이다. 물론 이는 보통의 경우 시간과 노력을 아끼는 황금률이겠지만, 생물학전 상황에서는 초기 징후를 놓치게 하는 나쁜 버릇이 될 수도 있다. 그래서 일부 생물학 작용제 탐지기는 지브라(zebra, 얼룩말) 칩, 또는 약자인 Z칩으로 불리기도 한다. 의사들에게 앞서 말한 격언 속 얼룩말을 상기시키고 놓치지 말 것을 강조하기 위한 작명이다.

생물학전은 음식과 식수원을 오염시키거나, 질병을 퍼뜨리는 모기 등의 곤충을 이용해서도 수행할 수 있다. 그러나 이런 수단으로는 한 번에 수천 명의 환자를 발생시키기가 어렵다. 생물학병기가 대량 살상 병기, 즉 핵병기에 버금가는 살상력을 갖추려면 인간이 호흡 가능한 100만 분의 1미터 크기의 에어로졸 입자로 만들어져 공기 중에 살포되어야 한다. 이런 입자들은 공기 중에서 먼 거리를 떠다닐 수 있으며, 인간의 폐 깊숙이 침투해 위험한 전신 감염을 일으킬 수 있다.

공기 중 생물학 작용제는 종류가 워낙 다양해 탐지하기도 어렵다. 박테리아, 바이러스, 심지어는 비생명체인 독소(미생물이 생산한)의 형태를 띨 수도 있다. 생물학 작용제는 극도로 묽게 희석된 상태에서도 치명적일 수 있다. 건강한 성인은 분당 6리터의 공기를 호흡하는데, 특정 병원체는 불과 10개체만 흡입해도 질병을 일으킬 수 있다. 오염 지역에 잠시라도 머문 사람들을 보호하기 위해서는 공기 1리터당 병원체가 2개체 이상만 되어도 감지할 수 있는 탐지기를 만들어야 한다. 이는 매우 까다로운 임무다.

최초의 실용 생물학 작용제 탐지기는 작은 입자들로 이루어진 구름까지만 탐지할 수 있었다. 이런 장비 중에는 미 육군의 XM2도 있었는데, 1차 걸프전쟁에 투입된 이 장비는 주위 공기 표본을 채집해 그 속에 들어 있는 입자 중 생물학 작용제의 입자와 크기가 같은 것의 수를 세었다. 그리고 입자의 수가 기준치를 넘어갈 경우 병력에게 해당 지역을 떠나라는 경보가 발령된다. 라이다(lidar)를 사용하는 입자 탐지기도 있다. 라이다는 레이더와 비슷한 시스템으로, 전파 대신 레이저를 사용한다. 특정 물체에 레이저를 비췄을 때 나오는 반사광을 포착하는 것이다. 건조한 상황에서는 50킬로미터 떨어진 입자도 포착 가능하다. 그러나 그 입자가 생물학 작용제인지, 아니면 먼지나 연기의 입자인지까지는 구분할 수 없다.

신형 라이다 시스템은 살아 있는 세포라면 거의 모두 가지고 있는 특정 분자를 이용하는데, 이 분자를 자외선(UV)으로 자극하면 형광 작용을 일으킨다. 이러한 UV-라이다 기기는 자외선으로 구름 속 입자를 자극한 다음 형광 작용이 나오는지를 살핀다. 그러나 UV-라이다도 병원체와 무해한 미생물, 꽃가루, 곰팡이 포자 등을 분간할 수는 없다. 이러한 단점에도 불구하고 입자 탐지기는 생물학 작용제의 위험이 있는 곳에서 병력을 대피시키는 데 유용하다. 또한 더욱 민감한 감지기가 투입되어 표본을 분석해야 할 시점도 알려줄 수 있다.

짚단 속 바늘 찾기

일부 최첨단 생물학 작용제 탐지기는 유전적 특성을 이용해 병원체와 무해한 미생물 및 입자를 식별한다. 미생물에는 DNA가 있으므로, 미생물을 분해하면 그 DNA를 얻을 수 있다. 이 중 캘리포니아 주 서니베일에 위치한 세페이드(Cepheid) 사에서 만든 젠엑스퍼트(Gene-Xpert) 시스템은 내장형 세포 파쇄 장치가 있다. 반면 다른 장비는 DNA를 분리하려면 기술자가 필요하다.

최초의 DNA 칩 중 노스웨스턴대학에서 개발한 제품은 DNA의 이중나선 구조를 이루는 두 가닥 사슬의 상호 보완적 속성을 이용한다. DNA의 이중나선 구조는 꼬인 사다리처럼 생겼는데, 이 사다리의 각 가로대는 염기라고 불리는 두 개의 아단위로 이루어져 있다. 유전자가 발현되거나, 세포분열 전에 유전자를 복제할 때면 이 사다리가 가운데를 기점으로 둘로 쪼개진다. 사다리의 가로대를 이루는 염기는 네 종류다. 아데닌(A), 티민(T), 시토신(C), 구아닌(G)이다. A는 언제나 T와 결합하고, C는 언제나 G와 결합한다. 따라서 특정 사슬의 염기 서열을 알면 다른 사슬의 염기 서열도 알 수 있다. 예를 들어 한 사슬의 염기 서열이 ATCGCC라면, 반대편 사슬의 염기 서열은 TAGCGG가 되는 것이다.

노스웨스턴대학에서 만든 감지 장치에는 특정 병원체에서 볼 수 있는 짧은 DNA 서열과, 그와 상보 관계를 이루는 DNA 서열이 들어 있다. 이 서열은 두 전극 사이의 유리 칩 위에 고정되어 있다. 특정 병원체의 DNA가 탐지기로 들어오면 고정된 DNA의 끝에 결합하여 잡종이 된다. 이러한 잡종화를 탐지하기 위해, 기술자는 금 입자가 매달린 DNA 조각을 갖다 댄다. 이 DNA 조각은 목표 DNA 서열의 양 끝과 상보 관계에 있다. 금이 달린 DNA 조각이 목표 DNA에 들러붙으면 두 전극 사이에 전기회로를 형성하게 되어 경보가 울리는 것이다.

그 밖의 다른 DNA 기반 탐지기는 중합효소 연쇄반응(polymerase chain reaction, PCR)이라는 과정을 통해 특정 DNA 서열이 증폭되는 점을 이용하기도 한다. 여기서 과학자들은 DNA를 가열해 하나의 가로대를 이루는 두 염기 사이의 결합을 끊음으로써 DNA의 두 사슬을 분리한다. 그다음에는 용액의 온도를 낮춘 후, 시발체라고 불리는 두 짧은 DNA 가닥을 붙여 잡종을 만든다. 이 잡종은 탐지하고자 하는 DNA 서열 양 끝에 들러붙도록 특별 설계된 것이다. 그리고 시발체에 효소를 가해 연장시킴으로써, 처음에는 두 가닥이던 DNA를 네 가닥으로 늘린다. 과학자들은 이 과정을 반복해 표적 DNA 서열 사본의 수를 매번 두 배씩 늘려, 생물학병기를 탐지하는 데 충분한 수만큼 확보할 수 있다.

새로이 합성한 DNA 조각 속 형광 분자를 합치면, 연구자들은 증폭 과정의 진행 상황을 관찰할 수 있다. 또한 고속 열 순환기라는 기계를 사용하면 1분 안에 가열 및 냉각 과정을 완료할 수 있다. 따라서 30분만 있으면 매우 희귀한 DNA 서열이라도 30배로 늘릴 수 있다.

그러나 회로 및 PCR 기반의 시스템에는 특정 병원체에 맞는 시약이 먼저 들어 있어야 한다. 즉 잠재적 테러리스트가 어떤 병원체를 사용할지를 미리 정확히 알아야 한다는 뜻이다. 캘리포니아 주 칼즈배드의 아이비스테라퓨틱스(Ibis Therapeutics) 사와 사익(SAIC, Science Applications International Corporation) 사의 과학자들은 이러한 단점을 피하기 위해, 생물학적 위험 삼각 식별 유전 평가(Triangulation Identification Genetic Evaluation of biological Risks, TIGER)라는 시스템을 개발했다. 다른 여러 DNA 칩과 마찬가지로, TIGER 역시 PCR을 통해 표적 DNA를 증폭시킨다. 그러나 차이점은 단백질 합성을 제어하는 DNA 가닥에 잡종화되는 시발체를 사용한다는 것이다. 단백질합성은 모든 세포의 기본 기능 중 하나다. TIGER는 그 민감도가 매우 높다. 그 이유는 시발체 간 구간의 변화가 매우 다양해 거의 모든 미생물이 자신만의 독특한 서열을 가지기 때문이다. 기술자들은 질량 분석계로 이 증폭된 서열을 분석하고, 이를 기존에 알려진 모든 미생물의 서열 양상을 담은 데이터베이스와 비교하여 생물학 작용제의 종류를 식별할 수 있다.

그러나 DNA 기반의 기기들도 한계는 있다. DNA가 없는 독극물은 탐지할 수 없다. 그리고 반응 시간이 30분이나 걸리기 때문에 생물학 작용제가 접근해오는 상황에서 제때 대피 명령을 내릴 수 없다.

탄광의 카나리아*

*예전 광부들이 탄광에 들어갈 때 유독가스에 예민한 카나리아를 데리고 간 데서 유래한 말로, '위험의 전조'를 나타낸다.

항체 기반의 칩들은 이러한 난점을 극복할 수 있다. 항체란 면역 체계에서 분비하는 Y자형 분자로, 침입자의 특정 표적 분자에 들러붙는다. 항체는 미생물 표면에 있는 분자를 탐지할 수 있으며, 곧바로 표적 세포를 파괴할 수 있다. 또한 미생물뿐 아니라 독극물도 찾아낼 수 있다.

항체는 미 해군연구소가 개발하는 생물학 작용제 탐지 시스템 랩터(Raptor)의 핵심이다. 이 시스템은 이른바 샌드위치 측정 체계를 갖추고 있다. 표적 병원체가 칩의 항생물질에 들러붙고, 이것이 형광 염료로 표시된 또 다른 항체 층 사이에 끼워지면 탐지가 완료된 것이다. 랩터는 서로 다른 종류의 생물학 병기에 대응하는 여러 종류의 항체를 가지고 있으므로 동시에 여러 종류의 병원체를 탐지할 수 있다. 메릴랜드 주 게이더스버그의 아이젠(Igen) 사에서 만든 오리젠(Origen) 시스템 역시 샌드위치 측정법으로 병원체를 탐지한다.

그런데 이 시스템은 형광 염료 대신, 전기장에 노출되면 빛을 내는 화학물질을 사용한다. 이 화학물질의 빛은 형광보다 강하다. 때문에 표본에 극소수의 병원체만 있어도 분석이 가능하다. 게다가 항체 중 하나는 표면에 연결되어 있어 표적 병원체들을 많이 끌어들여 탐지할 수 있다.

서페이스 로직스(Surface Logix)에서 우리는 매사추세츠 주 워터타운의 RMD(Radiation Monitoring Devices)와 협력해 병원체를 지속적으로 탐지하는 기술을 개발했다. 그 탐지기는 공기 표본 채집기와 연결되어 있고, 공기 표본 속 입자를 미세 자성 입자 용액 속에 섞는다. 각 입자는 형광 표지가 된 항체로 코팅되어 있으며, 이 항체는 특정 미생물에 들러붙도록 되어 있다.

자성 입자를 함유한 표본은 머리카락 굵기만 한 미세 통로로 흐른다. 여기서 표본은 미생물이 없는 깨끗한 흐름과 만나게 된다. 깨끗한 흐름과 표본 흐름은 서로 섞이지 않고 평행하게 흐르다가 통로의 교차점에서 만나게 된다. 교차점 바로 앞에 설치된 자석이 자성 입자는 물론 거기에 들러붙은 병원체를 끌어당겨 깨끗한 흐름으로 밀어 넣는다. 이 흐름은 탐지기로 흘러들고, 탐지기는 형광을 감지해 병원체의 존재를 알게 된다.

이런 시스템의 큰 장점은 표본 속의 표적 병원체와 수천 종의 무해한 미생물을 구분하고 분리할 수 있다는 것이다. 표본 속의 연기나 기타 환경오염 물질은 탐지에 영향을 미치지 않는다. 미세 자성 입자는 형광 탐지 단계 이전에 깨끗한 흐름으로 들어가기 때문이다. 게다가 이 장비는 주변 환경에서 지속적으로 표본을 채집해 실시간으로 분석할 수 있다.

항체를 이용하는 또 다른 시스템들은 지나가는 병원체들을 잡아서 수정진동자, 박막(薄膜), 미세 캔틸레버* 같은 진동하는 기기 속에 넣는다. 이들 기기 속에 병원체가 들어가면 무거워져 진동이 느려진다. 전자 기기는 이 진동수의 변화를 탐지한다.

*유연하게 휘어지는 성질을 가진, 분자 분석을 위한 마이크로미터 크기의 탐침. 주로 실리콘, 실리콘 산화물 및 질화물로 제작된다.

침입자의 냄새를 맡아라

이 글에서 다루는 장비들은 2002년 현재 이미 실용화되었거나 몇 년 안에 실용화될 것들이다. 그러나 더욱 새롭고 강력한 기술은 언제나 개발 중이었다.

이른바 '전자 코'라는 기기가 생물학 작용제를 탐지하는 데도 사용될 것이다. 현재 전자 코는 폭발물 및 화학 작용제 탐지에 사용되고 있다. 전자 코 중 캘리포니아 주 패서디나에 위치한 시라노사이언시즈(Cyrano Sciences) 사의 시라노즈(Cyranose)는 조금씩 다른 폴리머들로 만들어진 산가지가 배열되어 있다. 각각의 폴리머 산가지는 다 다른 화학물질에 반응해 부어오르도록 만들어져 있다. 각 산가지에는 전도성 물질이 점점이 붙어 있다. 산가지가 부어오르지 않은 상태에서는 이 점들의 간격이 가깝기 때문에 서로 전기가 통한다. 그러나 산가지가 부어오르면 점들은 서로 멀어지면서 회로가 끊어진다. 이때 양성반응이 나오는 것이다. 회로가 끊어지는 패턴은 냄새에 따라 다 다르다. 연구자들은 위험한 박테리아에서 나오는 대사물질이나 생물학병기에 많이 쓰이는 안정제 등의 화학물질을 탐지할 수 있는 전자 코를 개발하고 있다. 생물학 작용제 특유의 패턴을 발견하는 것이 목표다.

로드아일랜드 주 제임스타운에 위치한 BCR다이어그노스틱스(BCR Diagnostics) 사는 매우 혁신적인 방식을 채택했다. 휴면 중인 박테리아인 포자를 사용해 생물학병기의 존재 여부를 알아내는 것이다. 박테리아가 탐지기 안으로 들어가면, 그 정상적인 신진대사 작용은 비활성물질을 활성물질로 바꾸어 탐지기에 있던 포자를 발달시킨다. 이 포자는 발달할 때 빛을 발하도록 유전자조작이 되어 있다. 탐지기가 이 빛을 감지하면 생물학 작용제의 존재를 알게 되는 것이다. 하지만 유감스럽게도 이 기기는 유해성 여부에 상관없이 모든 박테리아를 다 탐지한다. 그러나 생물학병기에 많이 쓰이는 박테리아에 의해서만 활성물질로 바뀌는 비활성물질을 사용할 경우에는 실효성이 있다.

하지만 똑똑한 테러리스트라면, 치명적인 독극물을 만들어내도록 유전자가 조작된 무해한 미생물을 사용해서 가장 뛰어난 생물학 작용제 탐지기도 속일 수 있다. 이상적인 탐지기는 표적으로 설정한 생물학병기에만 신속히 반응한다는 점을 악용한 것이다. 이 때문에 DARPA는 현재 인간과 동식물의 세포를 사용한 생물학 작용제 탐지기에 대한 연구를 지원하고 있다. 인간에게 질병을 일으키는 병원체는 최소 한 가지 이상의 인간 세포에 유해하다는 점을 이용한 것이다. 탐지기 속의 세포 사멸 정도를 측정하면 주위 환경 속에 유해 미생물이 있는지를 알아낼 수 있다.

생물학병기는 무섭지만, 아직 이것으로 대량 살상을 벌인 국가나 테러 조직은 없다. 생물학 작용제 탐지기는 누군가가 생물학병기를 이용하는 만약의 경우 사람들을 지킬 수 있다. 이 장비는 또 다른 역할도 할 수 있다. 병원에서는 이 장비를 이용해 병원체에 오염된 식품을 식별하거나 전염병을 진단할 수 있다. 세포의 반응을 측정하는 기기는 다양한 항암제에 대한 암세포의 반응을 평가하는 데도 활용될 수 있다. 이로써 과학자들은 유망한 치료법을 더욱 빨리 찾아낼 수 있다. 검뿐만 아니라 방패도 보습이* 될 수 있는 것이다.

*쟁기 같은 농기구에 끼우는 넓적한 삽 모양의 쇳조각.

출처

1. Death from the Sky : Drones

1-1 Larry Greenemeier, "The Drone Wars", Scientific American Online, September 2, 2011.

1-2 John Villasenor, "Threats to National Security", Scientific American Online, November 11, 2011.

1-3 John Villasenor, "Threats to Privacy", Scientific American Online, November 14, 2011.

2. On the Battlefield

2-1 Editors, "Terminate the Terminators", *Scientific American* 303(1), 30. (July 2010)

2-2 P. W. Singer, "War of the Machines", *Scientific American* 303(1), 56-63. (July 2010)

2-3 Larry Greenemeier, "Are Military Bots the Best Way to Clear Improvised Explosive Devices?", Scientific American Online, November 3, 2010.

2-4 Larry Greenemeier, "Exoskeleton Defines a New Class of Warrior", Scientific American Online, September 27, 2010.

2-5 Steven Ashley, "Enhanced Armor", *Scientific American* 294(5), 22-24. (May 2006)

2-6 Mark Alpert, "The Fog of War", *Scientific American* 290(3), 22. (March

2004)

3. The Cyberwars

3-1 Charles Q. Choi, "Digital Danger", *Scientific American* 307(5), 14. (November 2012)

3-2 David M. Nicol, "Hacking the Lights Out", *Scientific American* 305(6), 70-75. (June 2011)

4. Plague from Hell : Biological Weapons

4-1 Fred Guterl, "Waiting to Explode", *Scientific American* 306(6), 64-69. (June 2012)

4-2 Ken Coleman and Raymond A. Zilinskas, "Fake Botox, Real Threat", *Scientific American* 302(6), 84-89. (June 2010)

5. Chemical Weapons

5-1 Larry Greenemeier, "Seeing an Invisible Enemy", Scientific American Online, March 15, 2012.

5-2 Michael Allswede, "How Sarin Kills", Scientific American Online, February 7, 2004.

6. Nuclear Weapons

6-1 Michael Levi, "Nuclear Bunker Buster Bombs", *Scientific American* 291(2), 66-73. (August 2004)

6-2 David Biello, "A Need for New Warheads?", *Scientific American* 297(5), 80-85, November 2007.

6-3 Daniel G. Dupont, "Nuclear Explosions in Orbit", *Scientific American* 290(6), 100-107. (June 2004)

7. Star Wars : Attack from Orbit

7-1 Theresa Hitchens, "Space Wars", *Scientific American* 298(3), 78-85. (March 2008)

7-2 Steven Ashley, "Beam Weapons Get Real", *Scientific American* 296(6), 28-30. (June 2007)

8. Terrorism

8-1 Alexander Glaser and Frank N. von Hippel, "Thwarting Nuclear Terrorism", *Scientific American* 294(2), 56-63. (February 2006)

8-2 Thomas B. Cochran and Matthew G. McKinzie, "Detecting Nuclear Smuggling", *Scientific American* 298(4), 98-104. (April 2008)

8-3 David Biello, "Predicting the Next Attack", Scientific American Online,

September 9, 2011.

8-4 Rocco Casagrande, "Technology Against Terror", *Scientific American* 287(4), 82-87. (October 2002)

옮긴이_이동훈

중앙대학교 철학과를 졸업하고 〈월간 항공〉 기자, (주)이포넷 한글화 사원을 지냈다. 현재 군사, 역사, 과학 관련 번역가 및 자유기고가로 활동하고 있다. 2007년부터 월간 〈파퓰러사이언스〉 한국어판을 번역해오고 있으며, 그 외의 옮긴 책으로 《브라보 투 제로》, 《슈코르체니》, 《배틀필드 더 러시안》 등이 있다.

저자 소개

대니얼 듀폰트 Daniel G. Dupont, 인사이드디펜스닷컴 기자

데이비드 니콜 David M. Nicol, 일리노이주립대학 교수

데이비드 비엘로 David Biello, 《사이언티픽 아메리칸》 기자

래리 그리너마이어 Larry Greenemeier, 《사이언티픽 아메리칸》 기자

레이먼드 질린스카스 Raymond A. Zilinskas, MIIS 교수

로코 카사그랜드 Rocco Casagrande, 전 UN 생물학무기 감시관

마이클 레비 Michael Levi, 브루킹스연구소·외교협회(CFR) 연구원

마이클 올스웨드 Michael Allswede, 응급의학 전문의

마크 앨퍼트 Mark Alpert, 《사이언티픽 아메리칸》 기자

매튜 맥킨지 Matthew G. McKinzie, NRDC 연구원

스티븐 애슐리 Steven Ashley, 과학 전문 기자

싱어 P.W. Singer, 브루킹스연구소 연구원

알렉산더 글레이저 Alexander Glaser, 프린스턴대학 교수

존 빌라세뇰 John Villasenor, UCLA 교수

찰스 초이 Charles Q. Choi, 과학 전문 기자

켄 콜먼 Ken Coleman, 스탠퍼드 의과대학 연구원

테레사 히친스 Theresa Hitchens, CISSM 선임연구원

토머스 코크런 Thomas B. Cochran, NRDC 연구원

프랭크 본 히펠 Frank N. von Hippel, 프린스턴대학 교수

프레드 구테를 Fred Guterl, 《사이언티픽 아메리칸》 기자

한림SA 09

과학이 바꾸는 전쟁의 풍경

미래의 전쟁

2017년 1월 20일 1판 1쇄

엮은이 사이언티픽 아메리칸 편집부
옮긴이 이동훈

펴낸이 임상백
기획 류형식
편집 김좌근
독자감동 이호철, 김보경, 김수진, 한솔미
경영지원 남재연

ISBN 978-89-7094-880-5 (03550)
ISBN 978-89-7094-894-2 (세트)

* 값은 뒤표지에 있습니다.
* 잘못 만든 책은 구입하신 곳에서 바꾸어 드립니다.

펴낸곳 한림출판사
주소 (03190) 서울시 종로구 종로 12길 15
등록 1963년 1월 18일 제 300-1963-1호
전화 02-735-7551~4
전송 02-730-5149
전자우편 info@hollym.co.kr
홈페이지 www.hollym.co.kr
페이스북 www.facebook.com/hollymbook

표지 제목은 아모레퍼시픽의 아리따글꼴을 사용하여 디자인되었습니다.